"十四五"职业教育国家规划教材

数控机床故障诊断与维修

第 2 版

主　编　石秀敏

副主编　蒋永翔　聂雅慧　张晓光

参　编　刘朝华　邓三鹏　李莹莹　孙　星

　　　　王　晶　刘春利

机械工业出版社

本书是"十四五"职业教育国家规划教材，全书主要以 FANUC 0i-MD 系统为例，按照项目驱动式教学模式编写。本书包括概论与 8 个项目，主要内容为：概论、数控系统无法启动、主轴无法旋转、进给轴无动作、进给轴无法完成自动回参考点、伺服轴移动误差过大、刀库无法换刀、辅助装置故障诊断与维修、机床检测技术在维修中的应用。本书基于实际工作岗位需要，以实际工作过程为依据，按照"项目引入、任务驱动"的理念精选教学内容，内容全面、综合，深入浅出，实操性强，每个项目均含有典型的实施案例讲解，兼顾数控机床应用的实际情况和发展趋势。编写中力求做到"理论先进，内容实用，操作性强"，突出实践能力和创新素质的培养。本书利于理论与实践一体化的课程教学改革，是一本教、学、做合一的教材。

本书适合高等职业学院和普通高等院校智能设备运行与维护、智能制造装备技术、机电设备技术、数控技术及相关机电类专业的师生使用，也可供广大工程技术人员学习参考。

图书在版编目（CIP）数据

数控机床故障诊断与维修／石秀敏主编. --2 版.
北京：机械工业出版社，2024.8（2025.4 重印）. --（"十四五"职业教育国家规划教材）. -- ISBN 978-7-111-76382-6

Ⅰ. TG659

中国国家版本馆 CIP 数据核字第 2024YL9711 号

机械工业出版社（北京市百万庄大街 22 号　邮政编码 100037）
策划编辑：汪光灿　　　　　　责任编辑：汪光灿
责任校对：潘　蕊　李小宝　　封面设计：张　静
责任印制：张　博
天津市光明印务有限公司印刷
2025 年 4 月第 2 版第 2 次印刷
184mm×260mm · 14.5 印张 · 354 千字
标准书号：ISBN 978-7-111-76382-6
定价：48.00 元

电话服务　　　　　　　　　　网络服务
客服电话：010-88361066　　　机　工　官　网：www.cmpbook.com
　　　　　010-88379833　　　机　工　官　博：weibo.com/cmp1952
　　　　　010-68326294　　　金　书　网：www.golden-book.com
封底无防伪标均为盗版　　机工教育服务网：www.cmpedu.com

关于"十四五"职业教育
国家规划教材的出版说明

为贯彻落实《中共中央关于认真学习宣传贯彻党的二十大精神的决定》《习近平新时代中国特色社会主义思想进课程教材指南》《职业院校教材管理办法》等文件精神，机械工业出版社与教材编写团队一道，认真执行思政内容进教材、进课堂、进头脑要求，尊重教育规律，遵循学科特点，对教材内容进行了更新，着力落实以下要求：

1. 提升教材铸魂育人功能，培育、践行社会主义核心价值观，教育引导学生树立共产主义远大理想和中国特色社会主义共同理想，坚定"四个自信"，厚植爱国主义情怀，把爱国情、强国志、报国行自觉融入建设社会主义现代化强国、实现中华民族伟大复兴的奋斗之中。同时，弘扬中华优秀传统文化，深入开展宪法法治教育。

2. 注重科学思维方法训练和科学伦理教育，培养学生探索未知、追求真理、勇攀科学高峰的责任感和使命感；强化学生工程伦理教育，培养学生精益求精的大国工匠精神，激发学生科技报国的家国情怀和使命担当。加快构建中国特色哲学社会科学学科体系、学术体系、话语体系。帮助学生了解相关专业和行业领域的国家战略、法律法规和相关政策，引导学生深入社会实践、关注现实问题，培育学生经世济民、诚信服务、德法兼修的职业素养。

3. 教育引导学生深刻理解并自觉实践各行业的职业精神、职业规范，增强职业责任感，培养遵纪守法、爱岗敬业、无私奉献、诚实守信、公道办事、开拓创新的职业品格和行为习惯。

在此基础上，及时更新教材知识内容，体现产业发展的新技术、新工艺、新规范、新标准。加强教材数字化建设，丰富配套资源，形成可听、可视、可练、可互动的融媒体教材。

教材建设需要各方的共同努力，也欢迎相关教材使用院校的师生及时反馈意见和建议，我们将认真组织力量进行研究，在后续重印及再版时吸纳改进，不断推动高质量教材出版。

机械工业出版社

前　　言

为适应国家大力发展职业教育的新形势，深入贯彻落实教育部、财政部"关于实施职业院校教师素质提高计划（2021—2025 年）"精神，发挥职教师资的培养优势和特色，通过对职业院校和企业的广泛调研，针对智能制造装备技术专业机电设备技术专业、数控技术专业的社会需求，我们努力构建一种紧密结合本专业人才培养需要的一体化课程体系，同时开发核心课程与相应特色教材，以适应我国职业教育发展的需要。

本书是以职业能力培养为核心，融合数控机床维修的工作任务，基于工作过程、项目驱动开发编写的。本书打破了课程的学科体系，打破了理论教学和实践教学的界限，每个项目都按一个数控机床典型故障排除进行，选取数控机床的典型故障案例为切入点，按分析故障、确定故障到排除故障的思路展开，中间穿插所需知识点及故障诊断方法，突出了专业实践能力和专业实践问题解决能力的培养。

在此次修订中，增加了概论、机床检测技术在维修中的应用内容。本书主要以 FANUC 0i-MD 系统为例，按照项目驱动式教学模式进行编写，本书包括概述与 8 个项目，分别是概论、数控系统无法启动、主轴无法旋转、进给轴无动作、进给轴无法完成自动回参考点、伺服轴移动误差过大、刀库无法换刀、辅助装置故障诊断与维修、机床检测技术在维修中的应用。

本书参编人员多年从事数控机床装调维修专业的教学、科研和数控机床装调维修工的鉴定和竞赛工作。本书由天津职业技术师范大学石秀敏担任主编，参加编写的人员有天津职业技术师范大学蒋永翔、聂雅慧、张晓光、刘朝华、邓三鹏、李莹莹、孙星、王晶与河北师范大学职业技术学院刘春利。

本书是由教育部财政部职业院校教师素质提高计划职教师资培养资源开发项目（项目编号：VTNE016）资助的机电技术教育专业核心课程教材开发成果。本书在编写过程中得到了天津职业技术师范大学机电工程系同仁的大力支持和帮助，在此深表谢意。

由于编者水平有限，书中难免存在不足之处，敬请读者批评指正。

编　者

二维码索引

序号与名称	二维码	序号与名称	二维码
概论（西门子 840D 各模块介绍）		3.3 项目实施（进给轴无动作故障诊断）	
1.3 项目实施（数控系统无法启动故障排除）		4.2.5 无减速开关参考点调整	
1.5.3 项目实施（FANUC 0i-MD 数控系统参数设定）		5.3 项目实施（伺服轴移动误差过大故障诊断）	
1.5.3 项目实施（PMC 及参数的备份）		6.5 项目拓展（刀库结构拆装仿真）	
2.3 项目实施（伺服主轴不能旋转故障诊断）		7.1.1 任务引入（气动元件介绍）	
2.5.2 项目分析（SJ100 变频器三种控制模式之外部端子控制模式参数设定）		7.1.2 项目分析（加工中心换刀过程演示）	
2.5.2 项目分析（SJ100 变频器三种控制模式之电位器控制模式参数设定）		8.1.3 任务实施（Y 轴轴线运动的直线度检测）	
2.5.2 项目分析（SJ100 变频器二种控制模式之面板控制模式参数设定）		8.1.3 任务实施（机床静态精度调整）	
2.5.2 项目分析（SJ100 变频器操作面板及接线端子介绍）		8.2.3 任务实施（激光干涉仪的使用）	
2.5.3 项目实施（模拟主轴不能旋转故障诊断）			

V

目　　录

概　　论

在当代制造行业的生产中，数控机床作为重要生产设备，其加工的零件多为加工复杂、批量大、精度要求高的零件。由于数控机床是经典的机、电、气、液综合性高的机器设备，因此维修过程复杂，出现故障时会对生产活动造成不利的影响。此外，数控机床的价格十分高昂，对于绝大多数的企业尤其是中小企业来说，往往难以承受整件频繁更换的成本。因而需要加强对数控机床的故障排查和维修，并切实做好日常的保养和维护工作。

0.1　数控系统介绍

数控系统是数字控制系统的简称，英文名称为 Numerical Control System，简称 NC 系统。数控系统是一种利用数字、文字和符号组成的数字指令来实现一台或多台机械设备动作控制的专用计算机系统。它所控制的量通常是位置、角度、速度等机械量和开关量。

目前国内市场上，主流的国产数控系统有华中数控系统、广州数控系统，国外系统有西门子840D系列、发那科数控系统、哈斯数控系统等。

0.1.1　华中数控系统

华中数控系统如图 0-1 所示，它是由华中科技大学、武汉华中数控股份有限公司等单位研发和生产的一种具有自主知识产权的数控系统。该系统采用了先进的数字控制技术，具有高精度、高效率、高可靠性等特点，被广泛应用于机械加工、汽车制造、航空航天等领域。

华中数控系统的技术水平在国内处于领先地位，其主要技术指标达到了国际先进水平。该系统的研发和生产得到了国家科技部、教育部等多个部门的支持，并被列入了国家"863计划""国家科技支撑计划"等多个国家级项目。

华中数控系统的特点如下。

（1）高精度　采用先进的插补算法和伺服控制技术，实现了高精度的加工和测量。

（2）高效率　支持高速切削和加工，提高了生产率。

（3）高可靠性　系统具有强大的故障诊断和容错功能，保证了长时间稳定运行。

（4）开放式体系结构　支持多种标准工业总线和工业以太网协议，可与其他设备进行无缝集成。

（5）人机交互界面友好　采用图形化界面，易于操作和维护。

图 0-2 所示为数控铣床华中 818 BM 型数控系统连接示意图。该数控铣床主要包括 1 个

图 0-1 华中数控系统

UPS 开关电源、1 个华中 818BM 数控系统、1 个数控机床操作面板（MCP）、1 个远程单元（HIO-1000A）、3 个华中 HSV-180UD 数控机床伺服驱动单元、3 个 GK8073 伺服电动机，1 个 HSV-180US 数控机床伺服单元以及 1 个 GM7105 主轴电动机。其中，3 个华中 HSV-180UD 数控机床伺服驱动单元分别控制 X、Y、Z 轴上的伺服电动机做直线往复运动，1 个 HSV-180US 数控机床伺服单元控制主轴上的 GM7105 电动机做旋转运动。

图 0-2 数控铣床华中 818BM 型数控系统连接示意图

图 0-3 所示为华中 HSV-180U 系列伺服驱动单元。华中 HSV-180U 系列伺服驱动单元是武汉华中数控股份有限公司推出的全数字交流伺服驱动产品，主要应用于对精度和响应比较敏感的高性能数控领域。

HSV-180U 具有高速工业以太网总线接口，采用具有自主知识产权的 NCUC 总线协议，实现和数控装置高速的数据交换，具有

图 0-3 HSV-180U 系列伺服驱动单元

高分辨力绝对式编码器接口，可以适配复合增量式、正余弦、全数字绝对式等多种信号类型的编码器，位置反馈分辨力最高达到 23 位；还支持双编码器接口，可以实现全闭环控制。

HSV-180U 系列伺服驱动单元具有 035、050、075 等多种规格，功率回路最大功率输出达到 75kW，大大拓宽了伺服驱动产品的功率输出范围。

0.1.2 发那科数控系统

发那科（FANUC）数控系统（图 0-4）是数控机床车间里常见的数控系统，其操作面板简洁易懂。1956 年，发那科公司创建于日本，是当今世界上数控系统科研、设计、制造、销售实力强大的企业。

FANUC 数控系统具有高可靠性、高精度和高效能等特点，适用于各种复杂加工。它采用 200V 的电压，使相关的电子元件寿命得到延长，并且在车间的生产加工中故障率低，增加了生产率。此外，FANUC 数控系统还支持多种语言和国际化标准，方便跨国交流和合作。

在维护方面，FANUC 数控系统提供了完善的故障诊断和预警机制，方便用户快速定位和处理问题。同时，该系统的模块化设计也使得维护和升级更加方便快捷。

FANUC 数控系统的衍生型号主要有以下系列。

1）FANUC 16/18/21 系列：该系列数控系统于 1990—1993 年间开发，是 FANUC 早期的重要产品。

2）FANUC 16I/18I/22I 系列：该系列于 1996 年开发，是 FANUC 系统技术精华的体现，广泛应用于各类机床。

3）FANUC 0I-A 系列：该系列于 2001 年推出，具有高可靠性和高性能性价比。

4）FANUC 0I-B 系列和 FANUC 0I-MATE-MB 系列：随后的几年中推出的新系列，这些系列的数控系统性能更强大。

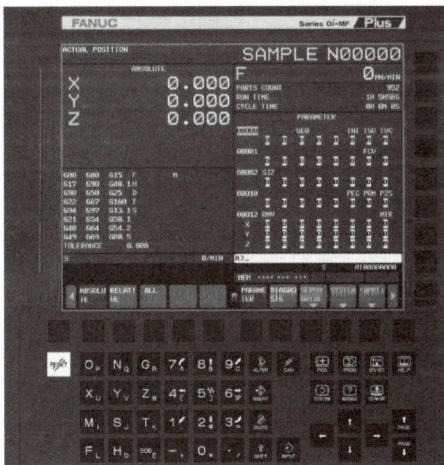

图 0-4 发那科数控系统

5）FANUC 0I-C 和 FANUC 0I-MATE-MC 系列：2004 年开发，采用了液晶演示器，便于设定与调试。

6）FANUC 0I-D 系列系统：2008 年开发，该系列系统代表了当时常用数控系统的最高

水平。

7）FANUC 0I-F系列：2013年开发，通过U盘或内嵌以太网向CF卡中传输程序，增加系统加工的稳定性，同时为客户节约资源。同时，该系列已内置伺服调试软件，具有数据自动备份功能。

FANUC数控系统的发展历程如图0-5所示。

图0-5　FANUC数控系统的发展历程

0.1.3　西门子数控系统

西门子数控系统在高、中、低端都有不同的产品系列。常用的数控系统有SINUMERIK 808D、SINUMERIK 828D和SINUMERIK 840D sl等。SINUMERIK 808D数控系统是一种基于面板的基本性能范围数控系统，适用于普通车、铣。其操作简单，易于调试和维护，同时成本低廉，是用于配备入门级数控机床的理想数控系统。基于面板的紧凑型数控系统SINU-MERIK 828D适用于具有价格敏感市场要求的机床方案。SINUMERIK 828D数控系统包含针对不同工艺的相关系统软件，其应用范围从立式和基本卧式加工中心（包括模具加工应用）、平面和外圆磨床一直延伸至带有副主轴、动力刀和Y轴的双通道车削中心，是适用于标准车床、铣床和磨床的紧凑型数控系统。SINUMERIK 840D sl数控系统除具有高端数控性能外，还具有高灵活性和开放性，几乎适用于所有机床方案。高性能的硬件架构、智能控制算法以及高级驱动和电动机技术确保了SINUMERIK 840D sl数控系统的高动态性能和加工精度。

目前，西门子公司推出了最新一代高性能数控系统SINUMERIK ONE，如图0-6所示。SINUMERIK ONE作为数字原生数控系统，是西门子公司推动机床行业数字化转型的关键产品，具有创建相应数字孪生的多功能软件，可实现虚拟与现实的无缝交互。凭借全新的硬件平台和丰富的创新性功能，SINUMERIK ONE数控系统进一步提高了加工速度、精度和质量，为高性能数控系统树立了新标准。

SINUMERIK 840D sl（即840D solution line）数控系统是西门子公司推出的中高端数控系统产品，它具有模块化、开放、灵活而又统一的结构，为使用者提供了方便友好的可视化界面操作编程方式和强大的网络集成功能，是一个用于实现模块化高级机床设计的开放式数控系统。

SINUMERIK 840D sl数控系统采用先进多核处理器技术，基于驱动的高性能数控单元（NCU），可以最多控制93个轴，具有极大的性能潜力。相较于2000年推出的SINUMERIK 840D power line数控系统，SINUMERIK 840D sl数控系统在驱动总线、驱动系统智能化与环保性以及数控通信总线等方面做了较大改进，它集成了结构紧凑、高功率密度的SINAMICS S120驱动系统和SIMATIC S7-300 PLC系统。

SINUMERIK 840D sl 数控系统的操作界面软件可以选用新推出的 Operate，也可选用兼容于 SINU-MERIK 840D 的 HMI Adanced，并带有完善的诊断报警信息。另外，SINUMERIK 840D sl 数控系统采用 DRIVE-CLiQ 网络通信方式，通信与扩展功能强大。机床控制面板（MCP）、手持单元（HT）、面板控制单元（PCU）、精简型客户端单元（TCU）、PG/PC 接口等与 NCU 之间的通信采用工业以太网，通用性更强，也方便了安装调试。SINAMICS S120 可匹配西门子公司各种类型的电动机，同样支持第三方厂家的电动机产品。

1. SINUMERIK 840D sl 数控系统基本构成

SINUMERIK 840D sl 数控系统硬件主要由 NCU（包含 NX）、人机通信接口（MMC）、可编程控制

图 0-6　SINUMERIK ONE 数控系统

器（PLC）、驱动系统、测量系统组成，它融合了驱动技术、自动化技术、测量技术和计算机技术。SINUMERIK 840D sl 数控系统中主要有 3 种通信网络：PROFINET 工业以太网、PROFIBUS-DP（RS485）现场总线、DRIVE-CLiQ 驱动与测量系统总线。图 0-7 是一套完整的 840D sl 数控系统连接示意图，从图中可以看出，PROFINET 工业以太网主要负责 MMC、NCU、PG/PC 接口之间连接，PROFIBUS-DP 现场总线主要负责 PLC I/O 系统的连接，DRIVE-CLiQ 总线主要负责驱动测量系统的连接。另外，840D sl 数控系统也支持通过工业以太网接入上位机与工厂网络。

图 0-7　SINUMERIK 840D sl 数控系统连接示意图

用户编程单元 PG/PC 既可通过工业以太网接入实现对 PLC、NCU、PCU 等设备的访

问，也可通过 PROFIBUS-DP 接入实现对 PLC 的访问。由于 PCU 50.5 与 TCU、MCP、NCU 之间通过工业以太网通信，最大通信距离可达 100m，所以各设备的安装地点可根据实际情况灵活设计。同样地，由于 DRIVE-CLiQ 总线连接的布线规则类似于工业以太网，因此不管是 SINAMICS S120 驱动系统，还是 TM、SMC/SME 模块，均可根据设备的实际特点灵活布置。正因如此，SINUMERIK 840D sl 数控系统的系统组态较以前的产品更加方便与灵活。

2. 840D sl 数控系统组件

SINUMERIK 840D sl 数控系统组件主要包括数控组件、伺服系统组件、PLC 组件、测量组件。数控组件主要包括 NCU、OP/TP 操作面板、PCU/TCU、MCP、手持单元、通信电缆，选件有 NX、键盘、软驱、CF 卡阅读器、HUB 交换机等。伺服系统组件包括同步电动机/异步电动机、SINAMICS S120 驱动装置、动力与信号电缆，选件有电抗器、滤波器、制动模块与制动电阻、电压监控模块 VSM、端子模块 TM、CU 控制单元、测量装置连接模块等。PLC 组件包括内置 PLC CPU、通信接口模块、数字量 I/O 模块、模拟量 I/O 模块、连接器，选件有 FM 功能模块、CP 通信模块等。

（1）OP OP（Operation Panel）即操作面板。对于 SINUMERIK 840D sl 而言，OP 通常与 PCU 或 TCU 配套使用，通过工业以太网与 NCU 连接。OP 操作面板有 OP 08T、OP 010、OP 010S、OP 010C、OP 012、OP 015A、OP 015 black、OP 019、OP 019 black、ITC 1200、ITC 1500、ITC 1900、ITC 2200、TOP 1500、TOP 1900、OP 2200。图 0-8 为 OP 010C 操作面板，图 0-9 为 ITC 1200 操作面板。

图 0-8　OP 010C 操作面板

图 0-9　ITC 1200 操作面板

（2）MCP MCP（Machine Control Panel）即机床控制面板，可用于 SINUMERIK 840D sl 数控系统的 MCP 有 MCP483 PN、MCP483C PN、MCP310 PN、MCP310C PN 和 EM398C。在 MCP 的型号中，"C" 表示采用机械按键，不带 "C" 表示采用薄膜按键；"PN" 表示通信接口为 PROFINET/工业以太网，可通过面板后面上的 S2 开关选择接口类型。EM398C 要求系统软件版本大于 V48 SP1。图 0-10 为 MCP483C PN 机床控制面板。

（3）PCU 与 TCU PCU（Panel Control Unit）即面板控制单元，可以理解为一台功能强大的工业计算机。它有自己独立的中央处理器（CPU），还可以安装硬盘和软驱。PCU 上装有西门子公司的 HMI 软件，可以通过安装 HMI Advanced 或 Operate 实现 PCU 与 NCU 的通信。

PCU 主要用于人机可视化交互，如操作、程序编辑、诊断等前台程序的运行。近年来，

图 0-10　MCP483C PN 机床控制面板

SINUMERIK 的 PCU 更新较快，新的型号是 PCU 50.5，如图 0-11 所示。PCU 50.5 必须安装西门子公司的 840D HMI-Advanced。对于不同类型机床，840D HMI-Advanced 软件还要包含 ShopMill、ShopTurn 软件，用于铣床、车床的操作和编程。

　　TCU（Thin Client Unit）即精简型客户端单元，是接收人机交互界面（HMI）数据的客户端。它不带硬盘，是一个终端显示屏，无法存储数据，需要使用 NCU 内部的 HMI 软件。TCU 可以实现操作面板/触摸面板（OP/TP）与面板控制单元、工业个人计算机（IPC）、数控单元的空间分离。它上面显示的内容是集成在 NCU 内的系统文件。TCU 的作用是在网络连接的过程中，通过网络以广播的形式发送请求，寻求网络上服务器的支持。服务器应答以后，会分配给它一个相应的 IP 地址。有了 IP 地址就可以进行后续工作，比如从服务器端通过其他协议（如 TFTP、FTP）来下载可以支持 TCU 引导的操作系统内核程序，只有这样，才能远程访问服务器 HMI 内容。TCU 显示的内容来自服务器，而不是它自身的内容。整个工作过程看似是本地工作，实际上是绕了一圈回来。TCU 硬件是连接着液晶显示器的一端，不是液晶显示器本身。图 0-12 为 TCU 30.3 实物图。

图 0-11　PCU 50.5

　　（4）NCU 与 NX　NCU（Numerical Control Unit）即数控单元，是 SINUMERIK 840D sl 数控系统的控制核心，它将 NCK、HMI、PLC、闭环控制和通信功能融为一体。SINUMERIK 840D sl 数控系统目前常用的 NCU 主要有 NCU 710.3B PN、NCU 720.3B PN、NCU 730.3B PN。与 SINUMERIK 840D pl 数控系统相比，它主要是在通信方式（用以太网取代 OPI/MPI 通信，用 DRIVE-CLiQ 取代 611D 驱动总线）及驱动系统（用 S120 驱动系统取代 611D 驱动系统）做了全面改进，其 PLC 系统只是去掉了原 SIMATIC S7-300 扩展机架接口，保留了 PROFIBUS-DP 接口。NCU 的外观及接口如图 0-13 所示。

图 0-12　TCU 30.3 及接口前视图

　　NCU 内部只集成了 6 个轴的控制功能，如果要增加轴数，则需配置相应的扩展数控单元 NX10.3 或 NX15.3。NX10、NX15 可提高 SINUMERIK 840D sl 数控系统内的 SINAMICS 驱

X100-105
DRIVE-CLiQ接口
屏蔽支架

X122,X132,X142
数字量输入/输出

X124
DC24V电源

X150 P1, P2
PROFINET I/O接口
X120 P1
PN/IE-OP以太网接口

X126
PROFIBUS DP接口
X125(左侧),X135(右侧)
2个USB接口
MAC地址

X127 P1
PN/IE以太网接口

X109
CF卡插槽
诊断按钮

等电位连接

选项槽(已盖住)

X136
PROFIBUS DP/MPI接口
X130 P1
PN/IE-NET以太网接口
铭牌

LED显示

7段数码管
复位键
NCK开机调试旋钮开关
PLC模式选择旋钮开关
X190双风扇/电池模块

X140(底部)
RS232(无功能)
X141(底部)
T0,T1,T2,M测量端子

图 0-13 NCU 的外观及接口

动端运算性能，但其数据管理还是在 840D sl 上进行，每个 NX10 模块最多可控制 3 个轴，每个 NX15 最多可控制 6 个轴。

图 0-14 是 NX 的外观与接口图，它们具有 4 个 DRIVE-CLiQ 接口，1 个 DC 24V 电源端子，配置了高速 DI/DO 端子 X122（可通过参数设置是 DI 还是 DO）和 3 个诊断与测试孔，其功能与 NCU 基本相同。所有 NX 模块上的 DRIVE-CLiQ 接口 X100 必须直接连接到 NCU 上。西门子公司内部软件的设计是把这些扩展数控单元挂在 NCU 的内部集成的虚拟 PROFI-BUS-DP 接口 3 上（NCU 的 X126 为 PROFIBUS-DP1，X136 为 PROFIBUS-DP2/MPI），相应的 DRIVE-CLiQ 接口对应不同的虚拟 PROFIBUS-DP3 地址（包括 X100-10、X101-11、X102-12、X103-13、X104-14、X105-15，该地址可在 STEP7 的硬件组态中设置）。

（5）SINAMICS 驱动系统　SINAMICS S120 驱动系统是西门子公司新一代驱动系统。SI-NAMICS S120 驱动系统采用了先进的硬件技术、软件技术以及通信技术，使用了高速 DRIVE-CLiQ 接口。数控系统可以自动识别所配置的驱动系统，具有更高的控制精度、动态控制特性和可靠性。

SINUMERIK 840D sl 数控系统配套使用的 SINAMICS S120 驱动系统包括：装机装柜型驱动器、书本型驱动器和单轴 AC/AC 模块式驱动器。

图 0-14　NX 的外观及接口

1）装机装柜型驱动器用于输出功率大于 120kW 的场合，电源模块与电动机模块分开，其中电源模块供电，电动机模块驱动电动机。电源模块将 380V 三相交流电压变为 600V 的直流母线电压，将电动机模块连接到该直流母线上。

2）书本型驱动器也是由独立的电源模块和电动机模块组成。电源模块全部采用馈能制动方式，其配置分为调节型电源模块（Active Line Module，ALM）和非调节型电源模块（Smart Line Module，SLM）。ALM 需要配置电源接口模块（Active Interface Module，AIM）。

3）单轴 AC/AC 模块式驱动器，其结构型式为电源模块和电动机模块集成在一起。

电动机模块是 SINAMICS S120 驱动系统中的逆变单元，它将 600V 的直流母线电压逆变成三相交流电，且频率和电压幅值可调。电机模块和主控单元之间通过 DRIVE-CLIQ 接口进行快速数据交换。电动机模块分为单轴电动机模块（Single Motor Module，SMM）和双轴电动机模块（Double Motor Module，DMM）两种。

SINAMICS S120 AC/AC 模块式驱动器由两部分组成：控制单元适配器 CUA31 和功率模块 PM340，如图 0-15 所示。SINAMICS S120 AC/AC 模块式驱动器不需要独立的 24V 直流供电。

a) CUA31　　　　b) PM340

图 0-15　SINAMICS S120 AC/AC
模块式驱动器的组成

（6）SIMOTICS 电动机 西门子公司已将旗下的所有电动机产品纳入一个产品家族，并将其命名为 SIMOTICS。常用的 SIMOTICS 电动机见表 0-1。

表 0-1 SIMOTICS 电动机类型说明

型号	实物图	说明
SIMOTICS S-1FK2		结构紧凑的高动态 SIMOTICS S-1FK2 进给电动机集高功率密度、高防护等级以及高过载能力等优点于一体,广泛应用于各种工业环境
SIMOTICS S-1FK7		SIMOTICS S-1FK7 进给电动机具有独特的动态响应性能及精确性,使数控系统和驱动的性能及精度充分地传递给机床加工轴,可实现极高的机床加工精度
SIMOTICS M-1PH3		SIMOTICS M-1PH3 主轴电动机功率范围大,外形尺寸小,可广泛应用于各种运动控制设备和机械。通过变频器和电动机之间的这种灵活的相互作用,可以更方便地应对连续工作时间长、上升时间短暂、转速高、转矩高以及定位精度高等情况
SIMOTICS M-1PH8		SIMOTICS M-1PH8 主轴电动机加速时间短,转速范围广,最高转速可达 2400r/min,可使主轴到达峰值性能。确保了最高的机床生产率
SIMOTICS T-1FW6		SIMOTICS T-1FW6 转矩电动机可满足精度、功率和动态响应方面的最高要求。高极对数永磁同步电动机已经完全集成在机床中且去除了机械传动元件(如齿轮箱),使得电动机在安装时具有更高的灵活性,维护方便,可用性更高并且空间需求更小

（续）

型号	实物图	说明
SIMOTICS L-1FN3		SIMOTICS L-1FN3 直线电动机是结构紧凑的直线驱动,功率密度、力密度高,可实现无磨损力传递,能满足动态性能、轮廓精度和准确度方面的最高要求,经过优化,可在高性能机床上运行
SIMOTICS M-1FE1/1FE2		SIMOTICS M-1FE1/1FE2 内装式电动机可满足加工质量、精度和平稳运行方面的极高要求。根据应用,该内装式电动机可提供高扭矩或高转速,并可作为高性能主轴电动机,用于加速时间短、转速高的机床

（7）驱动系统扩展功能模块　驱动系统扩展功能模块主要用于扩展 SINAMICS S120 驱动系统接口的数量。常用的驱动系统扩展功能模块及其功能见表 0-2。

表 0-2　驱动系统扩展功能模块及其功能

名称	DMC20	DME20	TM120	VSM10
外观				
功能	扩展 5 个 DRIVE-CLiQ 接口,用于连接 DRIVE-CLiQ 接口的编码器/光栅尺信号	扩展 5 个 DRIVE-CLiQ 接口,用于连接 DRIVE-CLiQ 接口的编码器/光栅尺信号	安全隔离 4 通道温度传感器输入	可检测三相电源电压,将该电压提供给闭环控制使用。在电网异常时,可用于提高书本型设备的耐压性。还可以接入一个检测电源电抗器发热情况的温度传感器。此外,它上面还有两个模拟量输入,可用来监控电源滤波器的功能

（8）测量装置连接组件　测量装置连接组件用来转换不带 DRIVE-CLiQ 接口的电动机编码器或者外部编码器/光栅尺信号,并接入到 DRIVE-CLiQ 网络。常用的测量装置连接组件如图 0-16 所示。

通过使用测量装置连接组件和驱动系统扩展功能模块,实现的 SINAMICS S120 驱动系

a) SMC10/20　　b) SMC30　　c) SMC40　　d) SME20/25　　e) SME120/125

图 0-16　常用的测量装置连接组件

统与编码器和光栅尺的连接示例如图 0-17 所示。

图 0-17　SINAMICS S120 驱动系统、编码器、光栅尺的连接示例

（9）PLC 的 I/O 模块　SINUMERIK 840D sl 数控系统的 PLC 的 I/O 模块支持 PROFI-BUS-DP 远程站通信模式以及 PROFINET 总线 I/O。PLC 的 I/O 模块可连接 ET200M、ET200S、ET200L、ET200R、ET200SP 以及 PP72/48 模块，其地址可通过 DIP 开关设置，并且地址必须与 STEP7 的硬件组态地址一致。

ET200M 模块可以通过 IM153-1 接入 PROFIBUS-DP 网络，每个导轨机架可以支持 8 个 I/O 模块；也可以通过 IM153-4 接入 PROFINET 网络，每个导轨机架支持 12 个 I/O 模块。

ET200M 是模块化 I/O 系统，根据需要可以选配 PS307 电源模块，如图 0-18 所示。

PP72/48D PN 是一种基于 PROFINET 网络通信的 I/O 模块，可提供 72 路输入/48 路输出。PP 72/48D 2/2A PN 比 PP72/48D PN 模块多提供 2 路模拟输入/2 路模拟输出（16 位）。

图 0-18　ET200M

0.2 故障诊断与维修技术

0.2.1 数控机床的基本组成

如图 0-19 所示，数控机床包含输入、输出单元，信号处理单元以及执行单元，每个单元内还有不同的控制元件，内部机构十分复杂。为了更加精准地进行重点监测和日常保养，以最小的成本获得最大的收益，基本根据故障发生的部位对数控机床的部件进行分类。常见故障类型有以下几种。

图 0-19 数控机床的基本组成

（1）机械故障 机械故障主要涉及工作台、换刀机构、润滑装置、冷却装置、排屑装置、液压装置以及起动、防护装置等，主要是指由操作不当或者长时间未进行机床的维护保养引起的机械部分出现卡机不转等现象。如果不尽快排除机械故障，在工作中就有可能造成电气系统电流过大而将电器元件烧坏。在加工过程中，操作人员一定要注意机床的工作状态，如果有异常，应立刻停机排查。另外，在平时起动或关闭机床后要注意对机床的保养。

（2）电气系统故障 电气系统故障主要分为强电故障和弱电故障两类，其中弱电故障的发生频率要高于强电故障。弱电部分主要包括控制系统中的控制电路、电源、回路以及各类元件等，极其容易受到不稳定电压或者外部环境的影响而发生故障；强电故障的危险程度高于弱电故障，如果出现强电故障，一定要尽快切断电源，以保证人生安全和设备安全。

0.2.2 数控设备的故障诊断方法

数控设备的故障诊断与维修的过程基本上分为故障原因的调查和分析、故障的排除、维修总结三个阶段。

一、故障的调查与分析

故障的调查与分析是排除故障的第一阶段，也是非常关键的阶段。

数控机床出现故障后，不要急于动手处理，首先要摸清楚故障发生的过程，分析产生故障的原因。为此要做好下面几项工作。

（1）询问调查 在接到机床现场出现故障要求排除的信息时，首先应要求操作者尽量保持现场故障状态，不做任何处理，这样有利于迅速精确地分析故障原因。同时仔细询问故障指示情况、故障表象及故障产生的背景情况，依此做出初步判断，以便确定现场排除故障所应携带的工具、仪表、图样资料、备件等，减少往返时间。

（2）现场检查　到达现场后，首先要验证操作者提供的各种情况的准确性、完整性，从而核实初步判断的准确度。由于操作者可能对故障状况描述不清或不准确，因此到现场后不要急于动手处理，应重新仔细检查各种情况，以免破坏了现场，增加了排除故障的难度。

（3）故障分析　根据已知的故障状况，按故障分类方法来分析故障类型，从而确定排除故障的原则。由于大多数故障是有指示的，所以一般情况下，对照机床配套的数控系统诊断手册和使用说明书，就可以列出产生该故障的多种可能的原因。

（4）确定原因　对多种可能的原因进行排查，从中找出本次故障的真正原因，对于维修人员来说，这是一项对该机床熟悉程度、知识水平、实践经验和分析判断能力的综合考验。当前的 CNC 系统智能化程度都比较低，系统尚不能自动诊断出发生故障的确切原因，往往同一报警信号可以有多种原因，不可能将故障缩小到具体的某一部件。因此，在分析故障的起因时，一定要思路开阔。有时自诊断出系统的某一部分有故障，但起因却不在数控系统，而是在机械部分。所以，无论是 CNC 系统、机床强电部分，还是机械、液压、气路等，只要有可能是引起该故障的原因，都要尽可能全面地列出来，并进行综合判断和筛选，然后通过必要的试验，达到确诊和最终排除故障的目的。

（5）排故准备　虽然有的故障的排除方法可能很简单，但有些故障的排除却比较复杂，需要做一系列的准备工作，例如工具仪表的准备、局部的拆卸、零部件的修理、元器件的采购，甚至排故计划步骤的制定等。

数控机床电气系统故障的调查、分析与诊断的过程就是故障的排除过程，一旦查明了原因，故障也就几乎排除了，因此故障分析诊断的方法也就变得十分重要。

二、故障的排除

故障排除是第二阶段，它是实施阶段。如上所述，完成了故障的调查与分析，也就基本上完成了故障的排除，剩下的工作就是按照相关操作规程具体实施。在进行故障排除时，需要注重安全操作和规范操作，确保设备能够正常工作。在未确定故障原因之前，不要随意拆卸或更换元件。同时，需要使用合适的工具和仪器进行检测和测量，以确保测量结果的准确性和可靠性。

三、维修总结

对数控机床电气故障分析、排除和维修后的总结是排故的第三阶段，也是十分重要的阶段，它全面记录了维修过程、测试结果和经验教训等，为今后的维修工作提供参考和借鉴。因此，应足够重视维修总结工作。

0.2.3　检测与维修常用仪器仪表

在数控机床的故障检测过程中，借助一些仪器仪表是必要的。仪器仪表能从定量分析的角度直接反映故障点状况。

1. 测振仪

测振仪是振动检测中最常用、最基本的仪器，它将测振传感器输出的微弱信号放大、变换、积分、检波后，在仪器仪表或显示屏上直接显示被测设备的振动值大小。为了满足现场测试的要求，一般将测振仪做成便携式、笔式等，如图 0-20 所示。

测振仪可用于测量数控机床主轴的运行情况、电动机的运行情况，甚至整机的运行情况。对于测振传感器，可根据所需测定的参数、振动频率和动态范围，传感器的安装条件，机床的轴承型式（滚动轴承或滑动轴承）等因素来选择它的类型。常用的测振传感器有电涡流式位移传感器、磁电式速度传感器和压电加速度传感器。目前常用的测振仪有美国本特利公司的 TK-81、德国申克公司的 VIBROMETER-20、日本 RI-0N 公司的 VM-63 以及一些国产的测振仪。

| a) 笔式测振仪 | b) 便携式测振仪 | c) 袖珍式测振仪 |

图 0-20 测振仪外形

测振判断的标准，一般情况下在现场最便于使用的是绝对判断标准，它是针对各种典型对象制定的，例如国际通用标准 ISO 2372 和 ISO 3945。

相对判断标准适用于同台设备。当振动值的变化达到 4dB 时，即可认为设备状态已经发生变化。所以，对于低频振动，通常将实测值达到原始值的 1.5~2 倍定为注意区，约 4 倍时为异常区；对于高频振动，将原始值的 3 倍定为注意区，约 6 倍时为异常区。实践表明，评价机器状态的比较准确可靠的办法是使用相对判断标准。

2. 故障检测系统

由分析软件、微型计算机和传感器组成的多功能故障检测系统，可实现多种故障的检测和分析。某公司开发的故障检测系统如图 0-21 所示。该系统的硬件由计算机、轻便的采集箱及可靠耐用的传感器（振动加速度传感器、光电转速传感器、钳形电流传感器）等组成，组件配接灵活，可靠性高，适合现场使用。该系统的全中文版 Windows 功能软件包由三个功能模块组成：实时振动分析故障诊断软件通过振动分析，诊断设备机械类故障；交流异步电动机诊断专家系统借助电流频谱，自动诊断交流异步电动机转子故障及动态偏心故障；动平衡软件帮助失衡转子实现现场动平衡。

图 0-21 故障检测系统外形

3. 红外测温仪

红外测温仪是利用红外辐射原理，将对物体表面温度的测量转换成对其辐射功率的测量，采用红外探测器和相应的光学系统接收被测物不可见的红外辐射能量，并将其转换成便于检测的其他能量形式予以显示和记录的一种测量仪器。红外测温仪的外形如图 0-22 所示。

按红外辐射响应形式的不同，红外测温仪分为光电探测器和热敏探测器两类。红外测温

图 0-22　红外测温仪外形

仪用于检测数控机床容易发热的部件，如功率模块、导线接点、主轴轴承等。主要的红外测温仪产品有中国昆明物理研究所的 HCW 系列、中国西北光学仪器厂的 HCW-1、HCW-2，中国深圳市亚泰光电技术有限公司的 IR 系列和英国 LAND 公司的 CYCLOPS、SOLD 型。

利用红外原理测温的仪器还有红外热电视、光机扫描热像仪以及焦平面热像仪等。红外诊断的判定方法主要有温度判断法、同类比较法、档案分析法、相对温差法以及热像异常法。

4. 激光干涉仪

激光干涉仪用于机床精度的检测及长度、角度、直线度、直角等的测量，精度高，效率高，使用方便，测量长度可达十几米甚至几十米，精度达微米级，其外形如图 0-23 所示。其次，它还具有一些选择功能，如自动螺距误差补偿（适用大多数控系统）、机床动态特性测量与评估、回转坐标分度精度标定、触发脉冲输入/输出功能等。

a) 英国雷尼绍激光干涉仪　　　　　　　　　　b) 微型激光干涉仪

图 0-23　激光干涉仪的外形

5. 短路追踪仪

短路是电气维修中经常碰到的故障现象，使用万用表寻找短路点往往很费劲。如遇到电路中某个元器件击穿短路，由于在两条连线之间可能并接有多个元器件，用万用表测量出哪一个元器件短路比较困难。再如，对于变压器绕组局部轻微短路的故障，一般万用表测量也无能为力。而采用短路故障追踪仪可以快速找出电路板上的任何短路点，如焊锡短路、总线短路、电源短路、多层电路板短路、芯片及电解电容器内部短路、非完全短路等。短路追踪仪的外形如图 0-24 所示。

6. 示波器

示波器主要用于模拟电路的测量，它可以显示频率相位、电压幅值。其中，双频示波器可以比较信号相位关系，可以测量测速发电机的输出信号，其频带宽度在 5MHz 以上，有两个通道。示波器可以调整光栅编码器的前置信号处理电路，进行 CRT 显示器电路的维修。示波器外形如图 0-25 所示。

图 0-24　短路追踪仪外形

图 0-25　示波器外形

7. PLC

不少数控系统的 PLC 必须使用专用的编程器才能对其进行编辑、调试、监控和检查，如 SIEMENS 的 PG710、PG750、PG685，OMRON 的 GPC01-GPC04 等。这些编程器可以对 PLC 程序进行编辑和修改，监视输入和输出状态及定时器、移位寄存器的变化值。在运行状态下修改定时器和计数器的设置值，可强制内部输出，对定时器、计数器和移位寄存器进行置位和复位等；带有图形功能的编程器还可显示 PLC 梯形图。

8. 数域测试仪器

数域测试仪器主要用于数控系统的故障诊断，常用的数域测试仪器有以下几种。

（1）逻辑分析仪　逻辑分析仪是按多线示波器的思路发展而成的，不过它在测量幅度上已按数字电路的高低电平进行了"1"和"0"的量化，在时间轴上也按时钟频率进行了数字量化。因此，逻辑分析仪可以测得一系列的数字信息，再配以存储器及相应的触发机构或数字识别器，使多通道上同时出现的一组数字信息与测量者所规定的触发字相符合，触发逻辑分析仪将需要分析的信息存储下来，其外形如图 0-26 所示。

（2）微机开发系统　这种系统配置了进行微机开发的软、硬件工具。在微机开发系统的控制下对被测系统中的 CPU 进行实时仿真，从而对被测系统实时控制。

（3）特征分析仪　它可从被测系统中取得 4 个信号，即启动、停止、时钟和数据信号，使被测电路在一定信号的激励下运行起来，其中时钟信号决定同步测量的速率。因此，可将一对信号"锁定"在窗口上，观察数据信号波形特征。

图 0-26　逻辑分析仪外形

（4）故障检测仪　这种新的数据监测仪根据各自的出发点不同，具有不同的结构和测试方法。有的故障检测仪按各种不同时序信号同时激励标准板和故障板，通过比较两种板对应节点响应波形的不同来查找故障；有的故障检测仪则是根据被测对象类型，利用一台微机配以专门接口电路及连接工装夹具与故障机相连，再编写有关的测试程序对故障进行检测。

（5）IC 在线测试仪　这是一种使用通用微机技术的新型数字集成电路在线测试仪器。IC 在线测试仪的主要特点是能对电路板上的芯片直接进行功能、状态和外特性测试，确认其逻辑功能是否失效。它所针对的是每个器件的型号以及该型号器件具备的全部逻辑功能，而与这个器件应用在何种电路中无关，因此它可以检查各种电路板，而且无需图样资料或了解其工作原理，为缺乏图样资料而使维修工作无从下手的数控维修人员提供了一种有效的手段。目前，IC 在线测试仪在国内的应用日益广泛，其外形如图 0-27 所示。

0.2.4 诊断用技术资料

数控机床生产厂家必须向用户提供与安装、使用及维修有关的技术资料，主要有数控机床电气使用说明书、数控机床电气原理图、数控机床电气连接图、数控机床结构简图、数控机床参数表、数控机床 PLC 控制程序、数控系统操作手册、数控系统编程手册、数控系统安装与维修手册、伺服驱动系统使用说明书。

图 0-27　IC 在线测试仪外形

数控机床的技术资料对故障分析与诊断非常重要，必须认真仔细地阅读，并对照机床实物，做到心中有数。一旦机床发生故障，要在进行分析的同时查阅资料。

思 考 题

1. 数控机床的基本组成有哪些？
2. 常用的诊断工具有哪些？
3. 安装、使用及维修数控机床的相关技术资料有哪些？
4. 数控机床诊断与维修的一般步骤是什么？

阅读课堂

中国数控机床现状

数控机床是装备制造业智能制造的工作母机，是衡量一个国家装备制造业发展水平和产品质量的重要标志。

近年来，国家高度重视数控机床产业发展，出台了一系列政策措施，使我国在数控机床主机研发生产方面有了很大进步，但随着全球制造业竞争日益激烈，各国纷纷加大对高端数控机床的研发和生产投入。根据中国产业研究院统计，我国低端数控系统及零部件已基本实现国产化，但高档数控机床的核心部件，如数控系统、主轴、导轨丝杠、轴承等，很大程度上依赖进口。

高档数控机床是实现工业现代化的基石，发展高档数控机床，既是工业和信息化领域深化供给侧结构性改革、加快推进制造强国建设的客观需要，也是实施军民融合深度发展战略、确保国家安全的紧迫要求。

未来数控机床行业的发展要靠刻苦、努力和敢于向科技高峰攀登的勇气和毅力的诸多专业技术人才。

项目1

数控系统无法启动

1.1 项目引入

1.1.1 故障现象

某车间进行 FANUC 0i-MD 三轴加工中心的机床装调,当完成数控系统电气柜的接线后,进行数控系统的开机测试,数控系统无法正常启动,数控面板的显示器无反应。

1.1.2 故障调查

观察到数控系统无法正常启动,即数控面板显示器无反应,观察开关电源指示灯亮,按下系统启动按钮,继电器指示灯亮,伺服驱动单元无法上电。

1.1.3 维修前准备

1)技术手册:电气原理图、PMC 梯形图、操作手册等。
2)测量工具:万用表、示波器等。
3)螺钉旋具等。

1.2 项目分析

1.2.1 数控系统上电控制回路分析

本项目的数控系统无法启动故障,是由于数控系统未得到 24V 电压。从总电源引入380V 交流电后,系统电路经过了大量的电器元件,如低压断路器、变压器、电源总开关、按钮、接线端子等,任何一个电器元件的接线松动或电器元件失效,均会产生上述故障现象。为具体分析数控系统无法正常启动的故障原因,以本项目故障机床配置的 FANUC 0i-MD 数控系统为例,介绍与数控系统无法正常启动相关的所有强弱电电气连接原理图,如图1-1~图 1-5 所示。

对数控系统上电控制回路的分析,可从如图 1-4 所示的数控系统控制回路接线图第 7 列的数控系统启动、停止按钮 SB1 和 SB2 开始。数控系统正常上电的过程如下。

图 1-1 数控系统强电外部接入及变压电路

图 1-2 刀库电动机及主轴伺服驱动风扇电路

按下图 1-4 第 7 列数控系统启动按钮 SB1，其下方串联的继电器 KA1 的线圈得电，使得第 7 列与 SB1 并联的继电器 KA1 常开触点闭合，系统自锁。

由于继电器 KA1 线圈得电，图 1-4 中第 2 列继电器 KA1 常开触点闭合，其下方串联的接触器 KM1 的线圈得电，图 1-1 中第 6 列 KM1 主触点闭合，图 1-2 中第 6 列和第 8 列的主轴电动机风扇和伺服驱动风扇旋转，图 1-5 中第 3 列的 CX3 接口（伺服驱动控制电源 MCC）上电。

图 1-5 中第 3 列的 CX3 接口上电形成的回路中，接触器 KM2 线圈得电，进而带动其下方的 KM2 主触点闭合，380V 动力电源接入伺服驱动单元，实现了伺服驱动控制电源和动力电源的输入。

图 1-3 开关电源及辅助控制回路

图 1-4 数控系统控制回路接线图

伺服驱动器输入有 3 类电源，即动力电源、控制电源和逻辑电源。其中，逻辑电源 DC24V 接入图 1-5 中第 3 列的 CXA2C 接口。

图 1-5　伺服驱动器接线图

分析 24V 直流电是否能够输入伺服驱动器，可从 CXA2C 接口向 380V 交流电输入倒推，其上方为图 1-3 中第 3 列的开关电源，经过机床电源总开关 SA1、图 1-1 中第 4 列的低压断路器 QF1、接入控制变压器 TC1。其中，控制变压器可将从机床电源总开关 SA1 输入的 380V 交流电转变为 220V 和 24V 的交流电。

图 1-6 所示为数控系统接线图，接入 24V 直流电进行供电。

数控系统实物接线图如图 1-7 所示。

图 1-6　数控系统接线图

1.2.2 数控系统无法启动故障原因分析

由数控系统上电控制回路分析知，数控系统出现不上电故障的主要原因如下：

1）24V 直流电未接入数控系统（电器元件损坏或接线松动）。

2）数控系统与显示屏间接线松动或损坏。

3）CNC 主控板损坏。

4）显示屏损坏。

通常来说，由于数控系统主控板和显示屏的可靠性相对于电器元件及其接线要稳定得多，故应重点考虑前两种原因。这就需要结合控制回路的分析，掌握外部 380V 交流电转变为 24V 直流电并接入数控系统的流程及其经过的电器元件。

图 1-7 数控系统实物接线图

（1）24V 数控系统上电回路 图 1-1 中外部 380V 交流电→机床电源总开关 SA1→低压断路器 QF3→控制变压器 TC2→低压断路器 QF4→图 1-3 中的钥匙开关→开关电源 VC1→接触器 KM1 常开触点→图 1-6 中数控系统 24V 接入。

（2）数控系统启停控制回路 图 1-1 中外部 380V 交流电→机床电源总开关 SA1→低压断路器 QF3→控制变压器 TC2→低压断路器 QF4→图 1-3 中的钥匙开关→开关电源 VC1→图 1-4 中机床启动按钮 SB1→机床停止按钮 SB2→继电器 KA1 线圈→开关电源 VC1 的 0V 端。

1.3 项目实施

通常先进行易查的电器元件的故障排查。例如，继电器指示灯亮，表示从三相电输入至继电器的元器件及接线均无问题；开关电源指示灯亮，表示开关电源及其前端电路无故障。此外，前文分析表明，若数控系统以下回路无故障，则伺服驱动器可以正常上电，即图 1-1 中外部 380V 交流电→机床电源总开关 SA1→低压断路器 QF3→控制变压器 TC2→低压断路器 QF4→图 1-3 中的钥匙开关 SA2→开关电源 VC1→图 1-4 中机床启动按钮 SB1→机床停止按钮 SB2→继电器 KA1 线圈→继电器 KA1 常开触点→接触器 KM1 线圈→图 1-1 中接触器 KM1 主触点；图 1-1 低压断路器 QF1→变压器 TC1→低压断路器 QF2→接触器 KM1 主触点→图 1-5 中接触器 KM2 线圈→接触器 KM2 主触点→伺服驱动三相电流入。故通过检查伺服驱动器的状态，可反映数控系统的上电情况。

以下详细阐述任务实施的过程。

由于本故障机床为刚完成装调的新机床，故电器元件损坏的可能性不大，重点考虑接线错误的问题。

1）将机床电源总开关及电控柜内的所有低压断路器均接通，将万用表调至直流电压档，测试如图 1-6 所示的数控系统接口 X1 的电缆是否输入 24V，测试结果表明没有 24V 输出，即数控系统无法启动的原因为 X1 接口无 24V 直流电输入。接下来将对 24V

直流电回路进行排查。

2）观察开关电源 VC1，发现开关电源指示灯亮。开关电源的状态指示及接线如图 1-8 所示。将万用表调至直流电压档，测试 24V 电压输出端及公共端，电压分别为 24V 及 0V，表明从机床电源总开关 SA1 到开关电源 VC1（SA1→低压断路器 QF3→控制变压器 TC2→低压断路器 QF4→图 1-3 中的机床电源钥匙开关→开关电源 VC1），电路无故障。

3）按下数控机床操作面板上的启动按钮 SB1 并松开，观察继电器 KA1 指示灯，发现继电器指示灯常亮，表明如图 1-4 所示的数控系统控制回路工作正常。

需要注意的是，如果按下 SB1 后继电器 KA1 指示灯亮，松开 SB1 后 KA1 又断电，说明因 KA1 常开触点损坏或未接入控制回路，无法形成自锁回路，这也是数控系统无法启动的常见原因。

图 1-8　开关电源状态
指示及接线

4）继续检查继电器 KA1 至数控系统 24V 接入间经过的电器元件，即继电器 KA1 常开触点——接触器 KM1 线圈——接触器 KM1 常开触点——数控系统 24V 接入。按下机床启动按钮 SB1 和机床停止按钮 SB2 后，继电器发出由于线圈通电使主触点闭合和线圈断电使主触点抬起的声响，表明继电器 KM1 线圈可正常通断电，故故障问题集中在接触器 KM1 常开触点上。

5）本项目装调的数控系统接触器 KM1 实物图及接口如图 1-9 所示，其中 L1、L2、L3 为主触点入，T1、T2、T3 为主触点出，A1、A2（图中未显示）为继电器线圈入和出。其辅助触点的常开和常闭是通过辅助触点下方的拨钮控制的。在图 1-9 中，拨钮位于左侧时，辅助触点为常开；拨钮位于右侧时，辅助触点为常闭。检查发现，电控柜中的接触器 KM1 拨钮位置错误，使图 1-3 中的 KM1 常开触点接成了常闭，故无法将开关电源 VC1 的 24V 直流电通过 KM1 辅助触点接入数控系统 X1 接口。

图 1-9　接触器 KM1 实物图
及接口

6）将拨钮置于正确位置，按下机床启动按钮 SB1，数控系统启动。至此，故障解决。

1.4　项目评估

项目结束，请各小组针对故障维修过程中出现的各种问题进行讨论，罗列出现的失误，总结在今后的学习和操作过程中如何更好地发挥团队精神、如何提高水平及效率，并填写故障记录表和项目评估表，见附表 1 和附表 2。

1.5 项目拓展

1.5.1 项目引入

该数控系统为根据电气原理图进行接线装调的新机床，在数控系统无法启动故障排查完成后，系统虽能完成上电，但由于未导入或设置系统参数和 PMC 梯形图及参数，无法进入操作系统界面。

1.5.2 项目分析

FANUC 数控系统的备份方法有很多，常见的有两种：一种用存储卡（也称 CF 卡）在系统界面备份和恢复数据；另一种用计算机通过 RS232 接口备份和恢复数据。由于本项目所在的车间已完成了多套相同机床的状态设置，故本机床的系统参数及 PMC 参数的设置可通过进入引导界面回装的方法完成。回装数据是从其他完全相同的数控系统备份获得的，以下将详细介绍系统备份和参数回装的方法。此外，熟悉 FANUC 数控系统的各参数含义及设定方法，对数控机床的故障诊断与维修具有重要的意义，故本项目对系统上电全清后的各参数设置方法进行了详细的阐述。

图 1-10 CF 适配器及存储卡

1.5.3 项目实施

一、PMC 及参数的备份及回装

准备 CF 适配器及存储卡，如图 1-10 所示，并将存储卡插入如图 1-11 所示的接口。

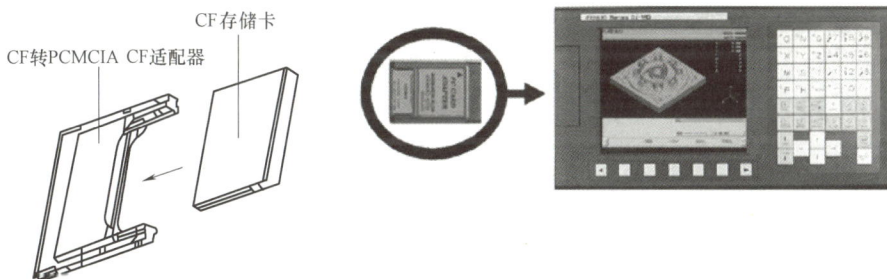

CF转PCMCIA CF适配器　　CF存储卡

图 1-11 插入存储卡

1. 系统参数的备份

按下 LED 显示屏右下角的两个软键 ▢ ▶ ，同时按下"POWER ON"按钮，进入备份引导界面，如图 1-12 所示，单击 [DOWN] 软键将光标移动到"7. SRAM DATA UTILITY"处，单击 [SELECT] 软键；如图 1-13 所示，此时光标在"1. SRAM BACKUP"处，单击 [SELECT] 软键；如图 1-14 所示，出现 YES 和 NO 两个选择（单击 [YES] 软键即开始备份，单击 [NO] 即取消备份），单击 [YES] 软键开始备份，备份成功界面如图 1-15 所示。

图 1-12　备份引导界面

图 1-13　SRAM DATA UTILITY 界面

图 1-14　确认是否开始备份界面

图 1-15　备份成功界面

2. 系统参数的回装

按与系统参数备份相同的操作，进入如图 1-13 所示的 SRAM DATA UTILITY 界面，单击 ［DOWN］软键，将光标移动到"2. SRAM RESTORE"处，如图 1-16 所示。

再次单击 ［SELECT］软键，出现"YES"和"NO"两个选项（单击 ［YES］软键确认恢复数据，单击 ［NO］软键取消恢复数据），如图 1-17 所示。

单击 ［YES］软键确认恢复数据，恢复数据成功界面如图 1-18 所示。

单击 ［DOWN］软键，将光标移动到"4. END"处，单击 ［SELECT］软键，返回主界面，系统参数回装完成界面如图 1-19 所示。

图 1-16　准备恢复数据界面

图 1-17　确认恢复数据界面

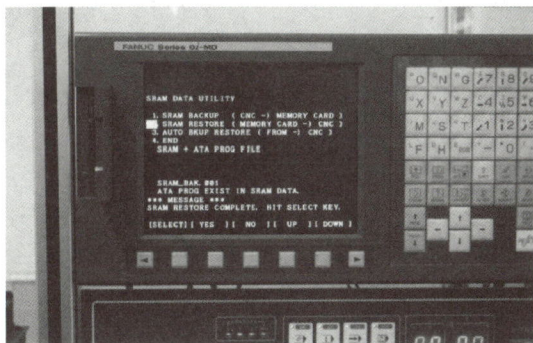

图 1-18　恢复参数成功界面　　　　图 1-19　系统参数回装完成界面

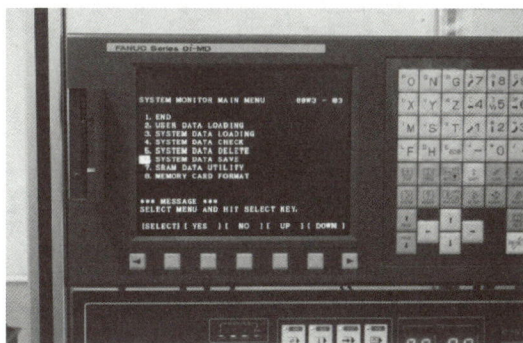

3. PMC 的备份

按下 LED 显示屏右下角的两个软键 ，同时按下［POWER ON］按钮，进入备份引导界面，如图 1-12 所示。单击［DOWN］软键，将光标移动到"6. SYSTEM DATA SAVE"处，按两次右扩展键，再单击［DOWN］软键，将光标移动到"57. PMC1"处，如图 1-20 所示。

单击［SELECT］软键，出现"YES"和"NO"选项，单击［YES］软键确认备份 PMC，PMC 备份成功界面如图 1-21 所示。单击［DOWN］软键，将光标移动到"59. END"处，单击［SELECT］软键，返回主界面。

图 1-20　准备 PMC 备份界面　　　　图 1-21　PMC 备份成功界面

4. PMC 的回装

在图 1-12 所示的备份引导界面处单击［DOWN］软键，将光标移动到"3. SYSTEM DATA LOADING"处，如图 1-22 所示，单击［SELECT］软键，将光标移动到"2. PMC1. 000"处，如图 1-23 所示，再单击［SELECT］软键，出现 YES 和 NO 选项，如图 1-24 所示。

单击［YES］软键进行 PMC 参数的备份，PMC 备份成功界面如图 1-25 所示。

至此，数控系统正常启动，进入数控系统界面。

图 1-22　参数备份界面

图 1-23　选择回装参数界面

图 1-24　确认是否备份 PMC

图 1-25　PMC 备份成功界面

二、FANUC 0i-MD 数控系统参数设定

1. 参数界面的显示及参数编辑基本操作

可按照以下步骤调用和显示系统参数。

1）按［SYSTEM］功能键，再按［参数］软键。

2）按［翻页］键或［光标］键，找到期望的参数。

3）输入参数号，再按［检索］软键。参数界面如图 1-26 所示。

2. 写保护修改

1）在 MDI 方式或急停情况下进行。

2）打开参数写保护：按功能键［OFFSET/SETTING］，再按［设定］软键，出现如图 1-27 所示的写保护修改界面。将"写参数"一项设定为"1"（1：可以），按［INPUT］输入键进行参数输入，出现 100 号允许参数写入报警信息，如图 1-28 所示。

3）在输入重要参数（如轴设定参数）后，会出现如图 1-29 所示的 000 号必需关断电源报警信息，需关机重新启动数控系统。

图 1-26　参数界面

图1-27　写保护修改界面

图1-28　100号允许参数写入报警信息界面

3. 存储器全清操作

同时按下［RESET］和［DELETE］键，给系统上电，直到系统上电启动完成后再松开这两个键，系统存储器全清（参数/偏置量和程序）完成。参数等全清后一般会出现报警界面，如图1-30所示。

图1-29　000号必需关断电源报警信息界面

图1-30　参数全清后报警界面

4. 设定系统语言

设定参数 PRM3280#7＝15，在如图1-31所示的界面中，从而将系统语言修改为中文。重新上电启动，系统启动并显示简体中文。

5. 轴设定

运用参数设定帮助功能进行轴设定操作。

按［SYSTEM］功能键会循环出现参数界面（图1-32）、诊断界面（图1-33）、参数设定支援界面（图1-34）。在出现参数设定支援界面时选择"轴设定"，按［（操作）］软键，再按［INIT］软键，出现"是否设定初始值？"信息，按［执行］软键，所有轴参数设定完成，被赋予初始值。

初始值设定完成后，按［选择］软键，进入轴设定的内容界面，包括以下四个组：基本组（BASIC）、坐标系组（COORDINATE）、进给速度组（FEED RATE）、加/减速组（ACC./DEC.）。

图 1-31　中英文修改参数界面

图 1-32　参数界面

图 1-33　诊断界面

图 1-34　参数设定支援界面

分别对每一组参数进行设定。可通过翻页并根据机床需要设定相应参数，如图1-35～图1-52所示，各参数具体含义见 FANUC 0i-MD 参数说明书。

图 1-35　基本组参数设定界面 1

图 1-36　基本组参数设定界面 2

轴设定（基本）		O0099 N00000
01006#3DIA	X	0
	Y	0
	Z	0
01006#5ZMI	X	0
	Y	0
	Z	0

移动量指定方式／0：半径；　1：直径

A）^

MDI　****　　　　18:51:57

《号搜索　初始化　GR初期　　　　输入　+

图1-37　基本组参数设定界面3

轴设定（基本）		O0099 N00000
01008#0ROA	X	1
	Y	1
	Z	1
01008#2RRL	X	1
	Y	1
	Z	1

设定旋转轴的循环功能有效或无效。
0：无效／1：有效（标准设定值）

A）^

MDI　****　--EMG--　ALM 18:52:47

《号搜索　初始化　GR初期　　　　输入　+

图1-38　基本组参数设定界面4

轴设定（基本）			O0099 N00000
01020	AXIS NAME	X	88
		Y	89
		Z	90
01022	AXIS ATTRIBUTE	X	1
		Y	2
		Z	3

编程轴名：第1=88，第2=89，第3=90

A）^

MDI　****　　　　18:53:25

《号搜索　初始化　GR初期　　　　输入　+

图1-39　基本组参数设定界面5

轴设定（基本）			O0099 N00000
01023	SERVO AXIS NUM	X	1
		Y	2
		Z	3
01815#1OPT		X	0
		Y	0
		Z	0

伺服轴号设定

A）^

MDI　****　--EMG--　ALM 18:54:25

《号搜索　初始化　GR初期　　　　输入　+

图1-40　基本组参数设定界面6

轴设定（基本）			O0099 N00000
01825	SERVO LOOP GAIN	X	3000
		Y	3000
		Z	3000
01826	IN-POS WIDTH	X	20
		Y	20
		Z	20

伺服的位置环增益

A）^

MDI　****　--EMG--　ALM 18:58:12

《号搜索　初始化　GR初期　　　　输入　+

图1-41　基本组参数设定界面7

轴设定（基本）			O0099 N00000
01828	ERR LIMIT:MOVE	X	10000
		Y	10000
		Z	10000
01829	ERR LIMIT:STOP	X	500
		Y	500
		Z	500

移动位时置偏差极限：设定值=快移速度／（
60*回路增益）

A）^

MDI　****　　　　18:58:41

《号搜索　初始化　GR初期　　　　输入　+

图1-42　基本组参数设定界面8

```
轴设定（坐标）            O0099 N00000
01240    REF. POINT#1    X         0.000
                         Y         0.000
                         Z         0.000

01241    REF. POINT#2    X         0.000
                         Y         0.000
                         Z         0.000




第1参考点位置值（机械坐标系）


A) ^
                              S    0 L   0%
MDI  ****  --EMG-- ALM 19:21:34
〈号搜索 初始化 GR初期        输入     +〉
```

图1-43 坐标系组参数设定界面1

```
轴设定（坐标）            O0099 N00000
01260  AMOUNT OF 1 ROT X     360.000
                       Y     360.000
                       Z     360.000

01320    LIMIT 1+       X    9999.999
                        Y    9999.999
                        Z    9999.999




设定旋转轴转1周的移动量。标准设定值:36
0.000

A) ^
                              S    0 L   0%
MDI  ****              19:21:59
〈号搜索 初始化 GR初期        输入     +〉
```

图1-44 坐标系组参数设定界面2

```
轴设定（坐标）            O0099 N00000
01321    LIMIT 1-       X   -9999.999
                        Y   -9999.999
                        Z   -9999.999






存储行程限位 1 负向坐标值


A) ^
                              S    0 L   0%
MDI  ****              19:23:15
〈号搜索 初始化 GR初期        输入     +〉
```

图1-45 坐标系组参数设定界面3

```
轴设定（进给速度）        O0099 N00000
01401#6 RDR                          0
01410  DRY RUN RATE          5.000
01420  RAPID FEEDRATE  X      5.000
                       Y      5.000
                       Z      5.000
01421  RAPID OVR F0    X      0.500
                       Y      0.500
                       Z      0.500



快速移动速度倍率F0


A) ^
                              S    0 L   0%
MDI  ****  --EMG-- ALM 19:24:49
〈号搜索 初始化 GR初期        输入     +〉
```

图1-46 进给速度组参数设定界面1

```
轴设定（进给速度）        O0099 N00000
01423  JOG FEEDRATE    X      1.000
                       Y      1.000
                       Z      1.000

01424  MANUAL RAPID F  X      5.000
                       Y      5.000
                       Z      5.000



手动连续进给速度（JOG速度）


A) ^
                              S    0 L   0%
MDI  ****              19:26:12
〈号搜索 初始化 GR初期        输入     +〉
```

图1-47 进给速度组参数设定界面2

```
轴设定（进给速度）        O0099 N00000
01425  REF. RETURN FL  X      0.400
                       Y      0.400
                       Z      0.400

01428  REF FEEDRATE    X    200.000
                       Y    200.000
                       Z    200.000



回参考点的 FL 速度


A) ^
                              S    0 L   0%
MDI  ****              19:27:52
〈号搜索 初始化 GR初期        输入     +〉
```

图1-48 进给速度组参数设定界面3

轴设定(加/减速)		O0099 N00000
01620 RAPID T-CONST	X	150
	Y	150
	Z	150
01622 CUT TIME CONST	X	50
	Y	50
	Z	50

设定快进的直线型加减速时间常数。

A)^

S　0L　0%

MDI　****　19:29:33

〔号搜索〕〔初始化〕〔GR初期〕　〔输入〕〔+〕

图 1-49　加/减速组参数设定界面 1

轴设定(加/减速)		O0099 N00000
01623 CUT FL	X	2.000
	Y	2.000
	Z	2.000
01624 JOG TIME CONST	X	50
	Y	50
	Z	50

设定JOG进给的时间常数。

A)^

S　0L　0%

MDI　****　19:30:22

〔号搜索〕〔初始化〕〔GR初期〕　〔输入〕〔+〕

图 1-50　加/减速组参数设定界面 2

轴设定(加/减速)		O0099 N00000
01625 JOG FL	X	0.010
	Y	0.010
	Z	0.010

JOG 进给的指数函数加/减速的 FL 速度

A)^

S　0L　0%

MDI　****　--EMG--　ALM 19:30:58

〔号搜索〕〔初始化〕〔GR初期〕　〔输入〕〔+〕

图 1-51　加/减速组参数设定界面 3

轴设定(基本)		O0099 N00000
01815#4 APZ	X	0
	Y	0
	Z	0
01815#5 APC	X	0
	Y	0
	Z	0

机械位置和绝对位置检测器的位置／0：一致；
　　　　　　　　　　　　　　1：不一致

A)^

S　0L　0%

MDI　****　--EMG--　ALM 18:55:41

〔号搜索〕〔初始化〕〔GR初期〕　〔输入〕〔+〕

图 1-52　加/减速组参数设定界面 4

6. 伺服设定

系统重新启动完成后，进入参数设定支援界面，选择至伺服设定菜单，按〔(操作)〕软键，再按〔选择〕软键，进入伺服设定界面，按扩展软键〔>〕，再按〔切换〕软键，进入伺服设定界面，可根据机床要求设定伺服参数，如图1-53、图1-54所示。

伺服设定		O0099 N00000
	X 轴	Y 轴
初始化设定位	00000000	00000000
电动机代码	156	156
AMR	00000000	00000000
指令倍乘比	2	1
柔性齿轮比	1	1
(N/M) M	200	200
方向设定	111	111
速度反馈脉冲数	8192	8192
位置反馈脉冲数	12500	12500
参考计数器容量	5000	5000

A)^

S　0L　0%

MDI　****　19:40:04

〔ON:1〕〔OFF:0〕　〔输入〕

图 1-53　伺服设定界面 1

伺服设定		O0099 N00000
		Z 轴
初始化设定位		00000000
电动机代码		156
AMR		00000000
指令倍乘比		2
柔性齿轮比		1
(N/M) M		200
方向设定		111
速度反馈脉冲数		8192
位置反馈脉冲数		12500
参考计数器容量		5000

A)^

S　0L　0%

MDI　****　--EMG--　ALM 19:46:46

〔ON:1〕〔OFF:0〕　〔输入〕

图 1-54　伺服设定界面 2

设定完成后重启系统，会出现 466 号 Z 轴：电动机/放大器组合报警。对 PRM2165 号参数进行修改，根据放大器将 X、Y 值修改成 "20"，将 Z 值修改成 "40"，如图 1-55 所示。完成后关机重启系统，466 号报警解除。PRM2165 号参数含义见表 1-1。

表 1-1　PRM2165 号参数含义

参数号	参数名	参数含义	初始值	设定值
2165		放大器最大电流	X　25 Y　25 Z　25	X　20 Y　20 Z　40

7. 主轴设定

系统重新启动后，进入参数设定支援界面，选择主轴设定菜单，按［（操作）］软键，再按［选择］软键，进入主轴设定界面。根据机床要求设定主轴参数，如图 1-56 所示，输入完毕后，按［设定］软键，出现 000 号请关闭电源报警。重新上电启动系统后，主轴参数设定完成。

图 1-55　伺服参数设定界面

图 1-56　主轴设定界面

完成主轴设定后，将界面调至参数界面，对 PRM8133#0 号参数进行修改，将值修改为 1，如图 1-57 所示；对 PRM3003 号参数进行修改，设定 PRM3003 = 00001101，如图 1-58 所示，完成后关机重启系统。主轴参数含义见表 1-2。

图 1-57　主轴参数设定界面 1

图 1-58　主轴参数设定界面 2

表1-2　主轴参数含义

参　数　号	参　数　名	参　数　含　义	初　始　值	设　定　值
8133#0	SSC	是否使用恒线速控制功能	0	1
3003#0	ITL	互锁信号（1：无效）	0	1
3003#2	ITX	各轴互锁信号（1：无效）	0	1
3003#3	DIT	各轴方向互锁信号（1：无效）	0	1

8. 手轮设定

主轴设定完成后再进行手轮相关参数的设定，设定 PRM7113 = 100、PRM7114 = 100、PRM8131#0 = 1，如图1-59、图1-60所示，设定完成后重启。手轮参数含义见表1-3。

图1-59　手轮参数设定界面1　　　　图1-60　手轮参数设定界面2

表1-3　手轮参数含义

参　数　号	参　数　名	参　数　含　义	初　始　值	设　定　值
7113	MULTIPLY M	手轮进给倍率 M	0	100
7114	MULTIPLY N	手轮进给倍率 N	0	100
8131#0	HPG	手轮进给是否使用（1：使用）	0	1

重启完成后，系统应正常工作，无报警。

9. FANUC 0i 数控系统联机调试

（1）主轴调整　根据机床机械结构要求，主轴的最高转速为3000r/min，但主电动机的最高转速为10000r/min，远远大于主轴的最高转速，所以要设定主轴的最高转速，设定 RPM = 2000，如图1-61所示，参数含义见表1-4。

表1-4　参数含义

参　数　号	参　数　名	参　数　含　义	初　始　值	设　定　值
3772	CSS MAX RPM	主轴上限转速	0	2000
4077		主轴定向停止位置偏移量	0	

根据主轴刀具的换刀要求，需要调整主轴 M19 定向的准确位置，需要根据实际情况设定此参数，如图 1-62 所示。可使主轴定位停止位置偏移，在 360°范围内，数据范围为−4095～4095。

参数	O0099 N00000
主轴控制	
03762 RPM/TAP (G2-G3)	0
03770 CSS AXIS	0
03771 CSS MIN RPM	0
03772 S1	2000
03775 INITIAL P	0

A) ^

S 0L 0%

MDI **** 19:58:45

《号搜索 ON:1 OFF:0 +输入 输入 +

参数	O0099 N00000
串行主轴	
04075 S1	10
04076 S1	33
04077 S1	2290
04078 S1	200
04079 S1	0

A) ^

S 0L 0%

MDI **** --EMG-- ALM 19:59:42

《号搜索 ON:1 OFF:0 +输入 输入 +

图 1-61　主轴最高转速设定界面　　　　图 1-62　主轴定位停止位置偏移设定界面

（2）集中润滑调整　机床所配集中润滑需要系统的 PMC 程序来控制，每隔一定时间（一般为 20min）使润滑泵工作一定时间（一般几秒钟）。润滑泵工作时间是在 PMC 功能中的定时器设定界面中的 No. 7 定时器中设定的，以 ms 为单位，一般为 3s 左右，此处设定为 2976ms，如图 1-63 所示。

润滑泵工作的间隔时间是在 PMC 功能中的计数器设定界面中的 No. 7 计数器中设定的，以 s 为单位，一般为 20min，此处设定为 1200s，如图 1-64 所示。

PMC维护			执行***
PMC参数（定时器）		（页 1/32）	
号.地址	设定时间	精度	
1 T0000	0	48	
2 T0002	0	48	
3 T0004	0	48	
4 T0006	0	48	
5 T0008	0	48	
6 T0010	0	48	
7 T0012	2976	48	
8 T0014	0	48	

A) ^

MDI **** --EMG-- ALM 20:03:43

精度　搜索

PMC维护			执行***
PMC参数（计数器）二进制		（页 1/13）	
号.地址	设定值	现在值	
1 C0000	14	0	
2 C0004	1	0	
3 C0008	0	0	
4 C0012	0	0	
5 C0016	0	0	
6 C0020	0	0	
7 C0024	1200	0	
8 C0028	0	0	

A) ^

MDI **** 20:04:39

搜索

图 1-63　润滑定时器设定界面 1　　　　图 1-64　润滑计数器设定界面 2

（3）刀库调整　机床所配斗笠式刀库需要系统的 PMC 程序来控制，需要根据指令进行换刀。根据所配刀库容量设定 D0000 的 PMC 数据，在 PMC 功能中的数据设定界面中设定 D92 = 24。

根据刀盘当前所在位置，在 PMC 功能中的计数器设定界面中设定 No. 1 计数器的当前值。

根据主轴上所装刀具的刀具号，在 PMC 功能中的数据设定界面中设定 D100 的 PMC 数据。如果主轴上没有装刀，则 D100 = 0。

如果刀盘电动机相序不对，会造成刀盘计数不正确。

（4）主轴刀具夹紧调整 机床主轴的刀具夹紧是靠气动打刀缸完成的。为了使 PMC 控制可靠，增加一定时器对打刀缸的夹紧检测开关进行一次延时处理，一般为 0.5s 左右。

打刀缸夹紧检测开关延时时间是在 PMC 功能中的定时器设定界面中的 No.6 定时器中设定的，以 ms 为单位，一般为 0.5s 左右，此处设定为 480ms，如图 1-65 所示。

图 1-65　打刀缸夹紧定时器参数设定界面

（5）主轴箱换刀点调整 根据斗笠式刀库的换刀要求，主轴箱要有拔刀动作，这靠 Z 轴的移动完成，通过设定第二和第三参考点实现，第二参考点是抬刀点位置（图 1-66），第三参考点是换刀点位置（图 1-67）。这两个值均要设定准确，且每台机床都不一样。

图 1-66　第二参考点参数设定界面

图 1-67　第三参考点参数设定界面

（6）换刀宏程序调整 机床斗笠式刀库的整个换刀动作需要通过换刀宏程序实现，具体如图 1-68、图 1-69 所示。其中，宏程序中的关键 M 代码如下。

1) M81 实现刀盘定位主轴上刀具号。

2) M82 实现刀盘定位 T 指令刀具号。

3) M83 实现刀盘前进推至主轴箱侧。

4) M84 实现刀盘回退至原位。

5) M85 实现 T 指令赋值给主轴刀具号。

6) M10 实现主轴刀具夹紧。

7) M11 实现主轴刀具松开。

换刀宏程序的调用靠 M06 辅助功能指令实现，也就是执行 M06 指令，系统自动执行换刀宏程序，这个功能是通过参数设定来实现的，需要设定 PRM6071 = 6，如图 1-70 所示。其参数含义见表 1-5。

图 1-68 换刀宏程序 9020 界面 1

图 1-69 换刀宏程序 9020 界面 2

图 1-70 调用宏程序参数设定界面

表 1-5 参数含义

参 数 号	参 数 名	参 数 含 义	初 始 值	设 定 值
6071	SUB CALL M	调用 O9001 子程序的 M 代码	0	6

阅读课堂

数控技能大师——徐国胜

在实现中国梦伟大进程中，我国广大劳动群众用智慧和汗水营造了劳动光荣、知识崇高、人才宝贵、创造伟大的社会风尚。劳模精神、劳动精神、工匠精神是以爱国主义为核心的民族精神和以改革创新为核心的时代精神的生动体现。

在天津职业技术师范大学，就有这么一位技能大师徐国胜。他凭着对现代制造业的钻研和高度责任感，攻克了大量技术难题，同时培养了大批优秀的数控专业人才，先后荣获了全国首届数控技能大赛数控车项目职工组冠军、全国技术能手、全国五一劳动奖章、天津市技能大师、"津门工匠"、国家级技能大师等荣誉，成为了一名响当当的技能大师。

身在新时代的我们，更应该传承工匠精神，为祖国的繁荣昌盛而不懈努力。

项目2

主轴无法旋转

2.1 项目引入

2.1.1 故障现象

某 FANUC 0i-MD 三轴加工中心，主轴为数字串行主轴，指令发出后，主轴不能旋转。

2.1.2 故障调查

1）观察到数控系统显示报警信息：SP0031：（S）SSPA：31 电动机锁动或检测器线断。

2）主轴有小幅度转动，然后停止不动。

2.1.3 维修前准备

1）技术手册：参数手册、维修手册、操作手册等。

2）测量工具：万用表、示波器等。

3）螺钉旋具等。

2.2 项目分析

主轴驱动系统也叫主传动系统，是系统中完成主运动的动力装置。主轴驱动系统通过传动机构将主轴电动机的切削扭矩和切削速度转变成主轴上安装的刀具或工件的切削扭矩和切削速度，配合进给运动，加工出理想的零件。它是零件加工的成形运动之一，其精度对零件的加工精度有较大的影响。

2.2.1 主轴驱动系统介绍

一、数控机床对主轴驱动系统的要求

机床的主轴驱动和进给驱动有较大的差别。机床主轴的工作运动通常是旋转运动，不像进给驱动需要丝杠或其他直线运动装置做往复运动。数控机床通常通过主轴的回转与进给轴的进给实现刀具与工件的快速相对切削运动。在 20 世纪六七十年代，数控机床主轴一般采用三相异步电动机配多级齿轮变速箱实现有级变速的驱动方式。随着刀具技术、生产技术、加工工艺

的不断发展及生产率的不断提高,上述传统的主轴驱动方式已不能满足生产的需要。

现代数控机床对主轴传动提出了更高的要求。

1. 调速范围宽并可实现无级调速

为保证加工时选用合适的切削用量,以获得最高的生产率、加工精度和表面质量,特别对于具有自动换刀功能的数控加工中心,为适应各种刀具、工序和各种材料的加工要求,对主轴的调速范围要求更高,要求主轴能在较宽的转速范围内根据数控系统的指令自动实现无级调速,并减少中间传动环节,简化主轴箱。

目前主轴驱动装置的恒转矩调速范围可达1:100,恒功率调速范围也可达1:30,一般过载1.5倍时可持续工作30min。

主轴变速分为有级变速、无级变速和分段无级变速三种形式,其中有级变速仅用于经济型数控机床,大多数数控机床均采用无级变速或分段无级变速。在无级变速中,变频调速主轴一般用于普及型数控机床,交流伺服主轴用于中高档数控机床。

2. 恒功率范围要宽

主轴在全速范围内均能提供切削所需功率,并尽可能在全速范围内提供主轴电动机的最大功率。受主轴电动机与驱动装置的限制,主轴在低速段均为恒转矩输出。为满足数控机床低速、强力切削的需要,常采用分段无级变速的方法(即在低速段采用机械减速装置),以增大输出转矩。

3. 具有4象限驱动能力

要求主轴在正、反向转动时均可进行自动加、减速控制,并且加、减速时间要短,目前一般伺服主轴可以在1s内由静止加速到6000r/min。

4. 具有位置控制能力

要求具有进给功能(C轴功能)和定向功能(准停功能),以满足加工中心自动换刀、刚性攻螺纹、螺纹切削以及车削中心的某些加工工艺的需要。

5. 具有较高的精度与刚度,传动平稳,噪声低

数控机床加工精度与主轴系统的精度密切相关。为了提高传动件的制造精度与刚度,采用齿轮传动时齿轮齿面应采用高频感应淬火工艺以增加耐磨性,且最后一级一般采用斜齿轮传动,以使传动平稳;采用带传动时应采用同步带。轴承的精度要高,支撑跨距要合理,以提高主轴组件的刚性。在结构允许的条件下,应适当增加齿轮宽度,提高齿轮的重合度。变速滑移齿轮一般都用花键传动,采用内径定心。侧面定心的花键对降低噪声更为有利,因为这种定心方式传动间隙小,接触面大,但加工时需要专门的刀具和花键磨床。

6. 良好的抗振性和热稳定性

数控机床加工时,可能由于持续切削、加工余量不均匀、运动部件不平衡以及切削过程中的自振等,产生冲击力和交变力,使主轴产生振动,影响加工精度和表面粗糙度,严重时甚至可能损坏刀具和主轴系统中的零件,使其无法工作。主轴系统的发热使其中的零部件产生热变形,降低传动效率,影响零部件之间的相对位置精度和运动精度,从而造成加工误差。因此,主轴组件要有较高的固有频率、较好的动平衡,保持合适的配合间隙,并要进行循环润滑。

二、不同类型主轴系统的特点和使用范围

1. 普通笼型异步电动机配齿轮变速箱

普通笼型异步电动机配齿轮变速箱，是最经济的一种主轴配置方式，但只能实现有级调速，因为电动机始终工作在额定转速下，经齿轮减速后，在主轴低速下输出力矩大，重切削能力强，非常适合粗加工和半精加工的要求。如果加工产品比较单一，对主轴转速没有太高的要求，该主轴配置方式在数控机床上也能起到很好的效果。它的缺点是噪声比较大，由于电动机工作在工频下，主轴转速范围不大，不适合非铁金属的加工和需要频繁变换主轴速度的加工场合。

2. 普通笼型异步电动机配简易型变频器

普通笼型异步电动机配简易型变频器，可以实现主轴的无级调速。主轴电动机只有工作在约 500r/min 以上才能有比较满意的力矩输出，否则，特别是车床很容易出现堵转的情况。一般会采用两档齿轮或传动带变速，但主轴仍然只能工作在中高速范围。另外，因为受到普通电动机最高转速的限制，主轴的转速范围也受到较大的限制。

这种方案适用于需要无级调速但对低速和高速都无要求的场合，如数控钻铣床。国内生产的简易型变频器较多。

3. 普通笼型异步电动机配通用变频器

目前进口的通用变频器，除了具有 V/f 曲线调节功能，一般还具有无反馈矢量控制功能，会对电动机的低速特性有所改善，配合两级齿轮变速，基本上可以满足车床低速（100~200r/min）、小加工余量的加工，但同样受最高电动机转速的限制。这是目前经济型数控机床比较常用的主轴驱动系统。

4. 专用变频电动机配通用变频器

它一般采用有反馈矢量控制，低速甚至零速时都可以有较大的转矩输出，有些还具有定向甚至分度进给的功能，是非常有竞争力的产品。以先马 YPNC 系列变频电动机为例，电压：三相 200V、220V、380V、400V 可选；输出功率：1.5~18.5kW；变频范围：2~200Hz；30min 内 150% 过载能力；支持 V/f 控制、V/f+PG（编码器）控制、无 PG 矢量控制、有 PG 矢量控制。提供通用变频器的厂家以国外公司为主，如西门子、安川、富士、三菱、日立等。中档数控机床主要采用这种方案，主轴传动采用两档变速甚至仅一档即可。

该主轴系统可实现转速在 100~200r/min 时车、铣的重切削，一些有定向功能的还可以应用于要求精镗加工的数控镗铣床。但是该主轴系统若应用在加工中心上，还不是很理想，必须采用其他辅助机构完成定向换刀，而且也不能达到刚性攻螺纹的要求。

5. 伺服主轴驱动系统

伺服主轴驱动系统具有响应快、速度高、过载能力强的特点，还可以实现定向和进给功能，当然价格也是最高的，通常是同功率变频器主轴驱动系统的 2~3 倍。伺服主轴驱动系统主要应用于加工中心，以满足系统自动换刀、刚性攻螺纹、主轴 C 轴进给功能等对主轴位置控制性能要求很高的场合。

6. 电主轴

电主轴是主轴电动机的一种结构形式，驱动器可以是变频器或主轴伺服，也可以不用驱动器。由于电主轴是将电动机和主轴合二为一，没有传动机构，因此大大简化了主轴的结

构，并且提高了主轴的精度，但是抗冲击能力较弱，功率不能太高，一般在 10kW 以下。由于结构上的优势，电主轴主要向高速方向发展，一般在 10000r/min 以上。

安装电主轴的机床主要用于精加工和高速加工，如高速精密加工中心。另外，在雕刻机和有色金属以及非金属材料加工机床上应用较多，这些机床由于只对主轴高转速有要求，因此往往不用主轴驱动器。

三、交流主轴驱动系统常见故障

1）电动机过热报警。

2）速度误差过大报警。

3）直流侧熔丝烧断报警。

4）断相报警。

5）主轴超速。

6）单元过载报警。

7）主轴振动或噪声太大。

8）主轴电动机不转。

9）主轴电动机旋转方向与指令方向相反。

10）主轴电动机转速不上升。

2.2.2 数字串行主轴

一、串行主轴与模拟主轴的差别

在计算机数控（CNC）中，主轴转速通过 S 指令来确定，S 指令通过数控系统处理可以转换为模拟电压或者数字量信号输出，因此主轴转速有两种控制方式：利用模拟量进行控制（简称模拟主轴控制）和利用串行总线进行控制（简称串行主轴控制）。

使用模拟主轴控制时，CNC 通过内部附加的数-模转换器自动将 S 指令转换为 $-10 \sim 10V$ 的模拟电压。CNC 所输出的模拟电压可通过主轴驱动装置实现对主轴的速度控制。主轴驱动装置总是严格地保证给定的速度信号与电动机输出转速之间的对应关系。

在数控铣床中，模拟主轴驱动装置主要应用于中低档数控铣床，一般采用通用变频器来实现主轴电动机控制。所谓的通用变频器包含两层含义：一是该变频器可以和通用的笼型异步电动机配套使用，二是具有多种可供选择的功能。

为了提高主轴控制精度和可靠性，适应现代信息技术发展的需要，从 CNC 输出的控制指令通过网络进行传输，在 CNC 与主轴驱动装置之间建立通信，这种通信一般使用 CNC 的串行接口，因而称为串行主轴控制。模拟主轴控制与串行主轴控制的区别见表 2-1。

表 2-1 模拟主轴控制与串行主轴控制的区别

项 目	模拟主轴控制	串行主轴控制
主轴转速输出	0~10V 的模拟量	通过串行通信传输的内部数字信号
主轴驱动装置	模拟量控制的主轴驱动单元（如变频器）	数控系统专用的主轴驱动装置
主轴电动机	普通的三相异步电动机或变频电动机	数控系统专用的主轴伺服电动机
主轴参数设定	在主轴驱动装置上审定与调整	在 CNC 上设定与调整，并利用串行总线自动传送到主轴驱动装置中

（续）

项　　目	模拟主轴控制	串行主轴控制
主轴位置检测连接	直接由编码器连接到 CNC	从编码器到主轴驱动装置，再由主轴驱动装置到 CNC
主轴正、反转启动与停止控制	利用主轴驱动装置上的外部接点输入信号进行控制	利用 CNC 和 PMC 之间的内部信号进行控制

二、FANUC 串行主轴连接

由图 2-1 可知，FANUC 串行主轴的工作过程：CNC 侧输出主轴速度指令（M03/M04 S×××），将其以串行数据方式传送给主轴驱动单元。但同时 FANUC 主轴单元还要受控于外围

图 2-1　串行主轴的工作过程

的可编程机床控制器（PMC）信号，如 I/O 信号最终控制主轴的启、停（但是不能控制主轴的速度），这些外围的 PMC 信号提高了主轴的安全性和外围接口的可控性。

第 1 次执行数控加工程序中的 S 指令时，CNC 将首先以二进制代码形式把 S 代码信号输出到 PMC 特定的代码寄存器 F22~F25 中。第 1 次之后，CNC 再执行 S 指令时将不再发出 S 指令选通信号 SF；然后经过 S 代码延时时间 TMF（由系统参数设定，标准设定时间为 16ms）后发出 S 指令选通信号 SF 到 PMC；当 PMC 接收到 SF 信号为 1 时，向 CNC 输入结束信号 FIN；CNC 接收到结束信号 FIN 后，经过结束延时时间 TFIN（由系统参数设定）先切断 S 指令选通信号 SF，再切断结束信号 FIN，S 指令执行结束，CNC 将读取下一条指令并继续执行。同时，CNC 根据编程转矩 S 值和主轴倍率信号（G30.0~G30.7），计算出实际指定的主轴转速值；CNC 将实际指定的主轴转速值以 12 位二进制代码形式，通过 12 位实际指定转速输出信号输出到 PMC 中；CNC 将实际指定的主轴转速值通过 CNC 串行主轴接口 JA7A（JA41）向主轴放大器发出串行主轴转速命令。

根据串行主轴的工作过程，由图 2-2 可知，主轴旋转的条件有：①内部条件，包含 CNC 准备就绪和主轴无报警；②外部条件，包括主轴上刀具夹紧，主轴外部不急停，主轴与驱动器的连接、主轴电源的连接正确，无机械传动故障等。从图 2-2 可以推出，主轴不能旋转故障原因有：① CNC 和 PMC 部分故障；②主轴驱动系统电气部分故障；③机械传动部分及主轴组件本身故障。

图 2-2　主轴不能旋转故障结构示意图

与普通机床相比，数控机床的机械部分大大简化，很大程度上降低了机械部分的故障率，所以出现故障时应将维修的重点放在数控系统和电气部分，按照"先系统、再电气、最后机械"的思路进行维修，即出现故障时，首先考虑数控系统和 PMC 部分，其次考虑电气部分，最后考虑机械传动部分和主轴组件本身。

2.2.3　CNC 和 PMC 部分故障

一、FANUC 0i-MD 数控系统配置

在 FANUC 0i-MD 数控系统中，如果没有主轴电动机，伺服放大器是单轴型（SVU）；如果有主轴电动机，伺服放大器是一体型（SVPM）。下面仅介绍数控系统相关的硬件连接，图 2-3 所示为 FANUC 0i-MD 系统硬件配置图。

图 2-3　FANUC 0i-MD 系统硬件配置图

本文介绍的系统的驱动系统为 βi SVSP 一体型伺服单元，主轴电动机的型号为 βiI 3/10000。

二、FANUC 数控系统接口

1. 主板接口

FANUC 系统的各接口如图 2-4 所示，接口的功能见表 2-2。

图 2-4　FANUC 系统接口图

表 2-2　系统接口说明

插 接 器 号	用　途	插 接 器 号	用　途
COP10A	伺服放大器（FSSB）	CP1	DC21C-LN
JA2	MDI	JGA	后面板接口
JD36A	RS232-C 串行端口 1	CA79A	视频信号接口
JD36B	RS232-C 串行端口 2	CA88A	PCMCIA 接口
JA40	模拟主轴/高速 DI	CA122	软键
JD51A	I/O Link	CA121	变频器
JA41	串行主轴/位置编码器	CD38A	以太网

2. 系统与主轴连接

系统与串行主轴连接的接口为 JA41，其引脚说明见表 2-3。

表 2-3　串行主轴或位置编码器插座（JA41）引脚信号说明

引脚	信号名称	信 号 说 明	引脚	信号名称	信 号 说 明
1	（SIN）		11		
2	（*SIN）		12	0V	0V 电压
3	（SOUT）		13		
4	（*SOUT）		14	0V	
5	PA	位置编码器 A 相脉冲	15	SC	位置编码器 C 相脉冲
6	*PA	位置编码器 *A 相脉冲	16	0V	
7	PB	位置编码器 B 相脉冲	17	*SC	位置编码器 *C 相脉冲
8	*PB	位置编码器 *B 相脉冲	18	+5V	
9	+5V	5V 电压	19		
10			20	+5V	

数控系统与主轴单元的连接图如图 2-5 所示，通信电缆接线如图 2-6 所示。

图 2-5　数控系统与主轴单元连接图

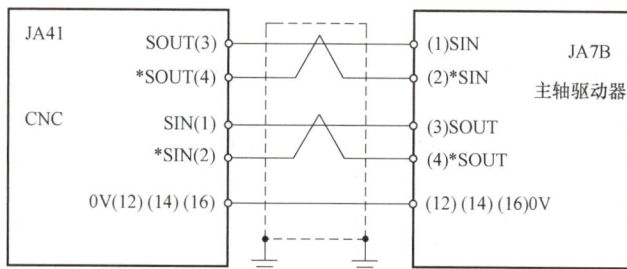

图 2-6　NC 与主轴放大器的通信电缆连接

3. 与主轴控制相关的关键信号及参数

（1）与主轴控制相关的 PMC 关键信号　见表 2-4。

表 2-4　与主轴控制相关的 PMC 信号

序号	符　号	地　址	信　号　名　称	备　注
1	*SSTP	G29.6	主轴停止信号	
2	SRVA	G70.4	反向旋转指令信号（串行主轴）	主轴反转信号
3	SFRA	G70.5	正向旋转指令信号（串行主轴）	主轴正转信号
4	MRDYA	G70.7	机械准备就绪信号（串行主轴）	该信号为 0，主轴不能旋转
5	*ESPA	G71.1	紧急停止信号（串行主轴）	该信号为 0，主轴不能旋转
6	SIND	G33.7	主轴电动机速度指令选择信号	
7	R011～R121	G32.0～G33.3	主轴电动机速度指令信号	

（2）与主轴控制相关的关键参数

1）3701#1（ISI）#4（SS2）：设定路径内的主轴数，如图 2-7 所示，具体参数设置见表 2-5。

表 2-5　3701 参数设置

SS2	ISI	路径内的主轴数
0	1	0
1	1	0
0	0	1
1	0	2

注意：该参数在主轴串行输出有效的情况下［参数 SSN（8133#5）＝"0"］有效。

2）3716#0（A/S）：设定主轴电动机的种类，如图 2-8 所示。0：模拟主轴；1：串行主轴。

图 2-7　参数 3701 设定界面　　　　图 2-8　参数 3716 设定界面

3）3717：各主轴的主轴放大器号，如图2-9所示。0：放大器尚未设定；1：使用连接1号放大器的主轴电动机；2：使用连接2号放大器的主轴电动机；3：使用连接3号放大器的主轴电动机。

4）3736：主轴电动机的最高钳制速度，如图2-10所示。设定值=（主轴电动机的最高钳制速度/主轴电动机的最大速度）×4095。

图2-9 参数3717设定界面

图2-10 参数3736设定界面

5）3741：与齿轮1对应的各主轴的最大转速，如图2-11所示。

6）8133#5（SSN）：主轴的构成设定参数，如图2-12所示。

SSN表示是否使用主轴串行输出，0：使用；1：不使用。可参照表2-6设定SSN。

图2-11 参数3741设定界面

图2-12 参数8133设定界面

表2-6 SSN的设定

主轴的构成	参数SSN
系统的主轴全部都是串行的情况	0
系统的主轴是串行的和模拟混合的情况	0
系统的主轴全部都是模拟的情况	1

三、主轴的 PMC 程序

1. 主轴控制的功能说明

M 指令用来控制机床的辅助操作。数控机床在执行数控加工程序中的 M 指令时，CNC 将以 BCD 码或二进制代码的形式把 M 代码信号输出到 PMC 特定的代码寄存器中。PMC 需要通过译码才能将 M 代码信号转换成具有特定功能含义的一位逻辑状态，从而识别相应的辅助功能控制。

主轴正转即主轴正向旋转。在 CNC 处于手动连续进给工作方式时，按下主轴正转键，或者在 CNC 处于自动、远程运行和

图 2-13 主轴控制面板

手动数据输入中的任一工作方式时，执行 M03 和 M13 任一指令，或者在 CNC 处于自动、远程运行和手动数据输入中的任一工作方式时，执行 M00 指令或按下选择停止键，执行 M01 指令，中断主轴正转时，再次按下循环启动按键，这 3 种情形下主轴都将正转。

主轴反转即主轴反向旋转。在 CNC 处于手动连续进给工作方式时，按下主轴反转键，或者在 CNC 处于自动、远程运行和手动数据输入中的任一工作方式时，执行 M04 和 M14 任一指令，或者在 CNC 处于自动、远程运行和手动数据输入中的任一工作方式时，执行 M00 指令或按下选择停止键，执行 M01 指令，中断主轴反转时，再次按下循环启动按键，这 3 种情形下主轴都将反转。

主轴停止即主轴停止旋转。当主轴正在正转或反转时，若执行 M02、M05、M30 中的任一指令，或者在 CNC 处于手动连续进给工作方式时，按下主轴停止键，主轴都将停止；执行 M00 指令或者按下选择停止键，执行 M01 指令时，主轴将中断旋转，暂时停止，再次按下循环启动按键后，主轴将恢复旋转。

主轴控制面板如图 2-13 所示，主轴控制的主要信号见表 2-7。

表 2-7 主轴控制的主要信号

	信号地址	信号名	信 号 含 义
X 信号	X0003.0	JIND-I	紧刀状态输入信号
Y 信号	Y0002.7	SONGD-C	松刀命令信号
	Y0031.0	SPCW-L	主轴正转指示灯信号
	Y0031.1	SPOFF-L	主轴停止指示灯信号
	Y0031.2	SPCCW-L	主轴反转指示灯信号
F 信号	F0001.3	DEN	系统分配结束信号
	F0001.7	MA	CNC 准备就绪信号
	F0007.0	MFEFD	M 指令选通信号
	F0045.0	ALMA	串行主轴报警信号
G 信号	G0070.4	SRVA	串行主轴反转命令信号
	G0070.5	SFRA	串行主轴正转命令信号

（续）

信号地址	信号名	信 号 含 义
R0250.3	DM03	M03 译码信号
R0250.4	DM04	M04 译码信号
R0250.5	DM05	M05 译码信号
R0260.3	M03	M03 代码信号
R0260.4	M04	M04 代码信号
R0260.5	M05	M05 代码信号
R0270.0	SPON	主轴启动条件满足信号
R0270.2	SPOFF	主轴停止条件满足信号
R0270.4	SPCCW	主轴反转条件满足信号
R0270.5	SPCW	主轴正转条件满足信号

（左侧跨行单元格："R 信号"）

2. M 代码译码梯形图及说明

数控机床在执行数控加工程序中的 2 位 M 指令时，CNC 将首先以二进制代码的形式把 M 代码信号输出到 PMC 特定的代码寄存器 F10 中，然后经过 M 代码延时时间 TMF（由系统参数设定，标准设定时间为 16ms）后发出 M 指令选通信号，PMC 通过二进制译码指令 DECB 来实现 M 指令的译码控制，把 F10 中的 M 代码信号转换成具有特定功能含义的某内部继电器为 1，从而识别相应的代码类型，进行相应的辅助功能控制。

M 代码译码梯形图如图 2-14 所示，当正在执行数控加工程序中的 M03 指令时，CNC 将首先以二进制代码的形式把 M 代码信号输出到 PMC 的 F10 中。当 MF 信号为 1，即 CNC 发出 M 指令选通信号时，PMC 执行二进制译码指令 DECB，此时 F10 中的内容为二进制 M 代码 00000011，M03 译码信号 DM03 将为 1，M03 代码信号 M03 输出有效，PMC 可以利用该信号进行主轴的正转控制。同理，当 F10 中的内容为二进制 M 代码 00000100，即正在执行 M04 指令时，M04 译码信号 DM04 为 1，M04 代码信号 M04 输出有效，PMC 可以利用该信号进行主轴的反转控制；当 F10 中的内容为二进制 M 代码 00000101，即正在执行 M05 指令时，M05 译码信号 DM05 为 1，同时若系统分配结束信号 DEN 为 1，即若移动指令 M05 指令在同一程序段中，保证执行完移动指令后再执行 M05 指令时，M05 代码信号 M05 输出有效，PMC 可以利用该信号进行主轴的停止控制。

3. 主轴的 PMC 控制梯形图及说明

主轴正转指令 M03 的 PMC 控制过程如图 2-15 所示，当 AUTO 信号、DNC 信号、MDI 信号中的任一信号为 1（即在 CNC 处于自动、远程运行和手动数据输入中的任一工作方式），M03 代码信号为 1（即执行 M03 指令），SPON 信号为 1（即满足主轴启动条件），SPCCW 信号为 0（即不满足主轴反转的条件）时，SPCW 信号输出有效自锁，满足主轴正转条件。

当 SPCW 信号为 1，即满足主轴正转条件时，串行主轴正转命令信号 SFRA 输出有效，PMC 通过 CNC 的串行主轴接口 JA4A 向主轴放大器发出串行主轴正转命令，使主轴开始正转，同时主轴正转指示灯 SPCW-L 输出有效，主轴正转指示灯亮。

主轴反转指令 M04 的 PMC 控制过程如图 2-15 所示，当 AUTO 信号、DNC 信号、MDI

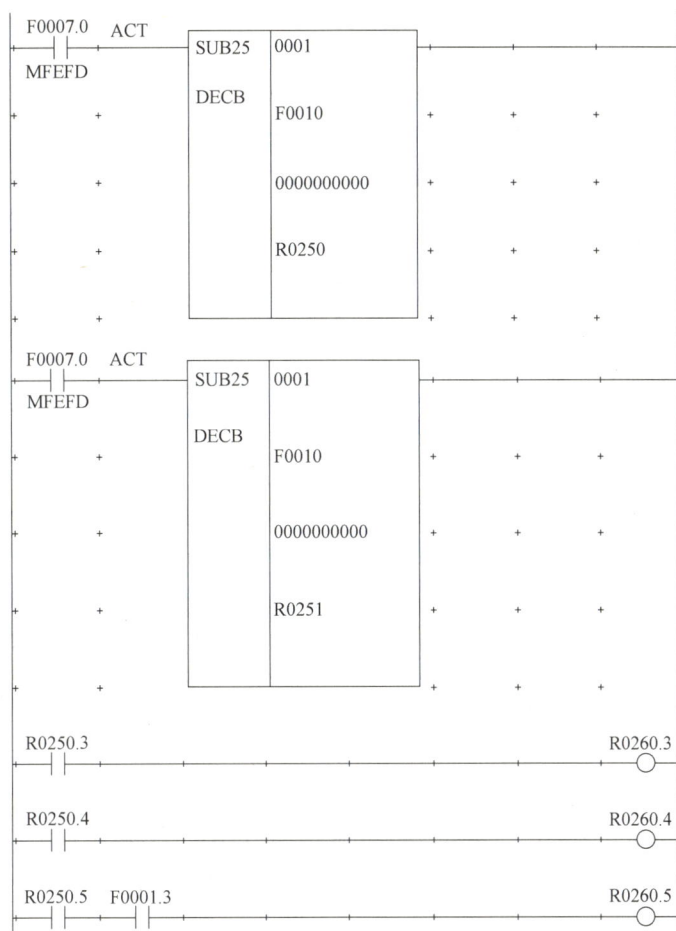

图 2-14 M 代码译码梯形图

信号中的任一信号为 1（即在 CNC 处于自动、远程运行和手动数据输入中的任一工作方式），M04 代码信号为 1（即执行 M04 指令），SPON 信号为 1（即满足主轴启动条件），SPCW 信号为 0（即不满足主轴反转的条件）时，SPCCW 信号输出有效自锁，满足主轴反转条件。

当 SPCCW 信号为 1，即满足主轴反转条件时，串行主轴反转命令信号 SRVA 输出有效，PMC 通过 CNC 的串行主轴接口 JA7A 向主轴放大器发出串行主轴反转命令，使主轴开始反转，同时主轴反转指示灯 SPCCW-L 输出有效，主轴反转指示灯亮。

主轴停止指令 M05 的 PMC 控制过程：当 SPOFF 信号为 1，即满足主轴停止条件时，主轴启动条件满足信号 SPON 输出无效，不满足主轴启动条件。

当主轴正在正转时，若 SPON 信号为 0，即不满足主轴启动条件，则 SPCW 信号输出无效，不满足主轴正转条件，串行主轴正转命令信号 SFRA 输出无效，停止向主轴放大器发出串行主轴正转命令，主轴将停止，同时主轴停止指示灯 SPOFF-L 输出有效，主轴停止指示灯亮。

当主轴正在反转时，若 SPON 信号为 0，即不满足主轴启动条件，则 SPCCW 信号输

图 2-15　主轴控制梯形图

出无效，不满足主轴反转条件，串行主轴反转命令信号 SRVA 输出无效，停止向主轴放大器发出串行主轴反转命令，主轴将停止，同时主轴停止指示灯 SPOFF-L 输出有效，主轴停止指示灯亮。

四、主轴设定及显示

1) 确认参数设定。

3111#1 SPS 参数表示是否显示用来显示主轴设定界面的软键，如图 2-16 所示。0：不予显示；1：予以显示。

2) 按功能键 ，再按扩展软键，然后按下［主轴］键，如图 2-17 所示，出现主轴设定调整界面，如图 2-18 所示。

3) 图 2-18 所示的界面有三个软键选择。

① 按下［SP 设定］，选择主轴设定界面，如图 2-18 所示。

② 按下［SP 调整］，选择主轴调整界面，如图 2-19 所示。

③ 按下［SP 监测］，选择主轴监控界面，如图 2-20 所示。

图 2-16　参数 3111 设定界面

图 2-17　主轴设定调整界面

图 2-18　主轴设定界面

图 2-19　主轴调整界面

图 2-20　主轴监控界面

4）若有多个主轴，可以通过翻页键 $\boxed{\overset{\uparrow}{\text{PAGE}}}$、$\boxed{\overset{\text{PAGE}}{\downarrow}}$ 显示不同的主轴。

5）按下功能键 $\boxed{\text{SYSTEM}}$，再按下［系统］软键，出现如图 2-21 所示的界面。

6）按下［主轴］键，出现如图 2-22 所示的主轴信息界面。

```
系统配置/硬件           O0000 N00000
    名称      ID-1    ID-2   槽
MAIN BOARD
MAIN BOARD  0042B 80 0 70000203
SERVO CARD  0014B 31 0
FROM/SRAM   E4/03
DISPLAY
DISP ID     1011
OTHERS
MDI ID      14
POWER SUPPLY 01

A)^
                        S    0L  0%
MDI  **** *** ***  │18:42:30│
│ 系统    伺服    主轴         (操作)│
```

图 2-21　系统配置界面

```
主轴信息                O0000 N00000
S1
主轴电动机规格   [           ]
主轴电动机S/N    [           ]
主轴放大器规格   [A06B-6134-H301#A]
SP放大器S/N      [V07X01467  ]
PSM 规格        [           ]
PSM S/N         [           ]

A)^
                        S    0L  0%
MDI  **** *** ***  │18:42:53│
│ 系统    伺服    主轴         (操作)│
```

图 2-22　主轴信息界面

五、故障排除方法

1. 观察有无报警

（1）无报警信息

1）观察机床状态信息栏的显示。输入加工指令"M03 S500;"，按下并松开机床操作面板上的［循环启动］按键时，观察到［循环启动］按键指示灯点亮，系统没有报警，表示主轴旋转的内部条件已经满足。

2）观察放大器主轴状态显示。主轴状态显示为"STATUS1"，如图 2-23 所示。电动机不转的状态显示见表 2-8。

图 2-23　主轴状态显示位置

3）查看参数。看参数设定是否有误。

表 2-8　电动机不转的状态显示

编号	ALM	ERR	STATUS1	内　容	故障排除方法
1		闪烁		（CNC 通信报警时）通信电缆未连通	查看并确认参数 3701#1 是否为 1
2		点亮		参数加载结束，电动机没有被激活，确认控制主轴的输入信号是否输入	检查主轴励磁信号 G70.4/G70.5 是否为 1
3	点亮		显示 01～	错误状态，顺序不合适或参数设定有误	
4			00	电动机没有被激活，说明尚未输入主轴速度指令	1）G29.6 若为 1 2）G33.7 = 1？ G32～G33.4 = ？ 3）参数 3741 = 0？ 参数 3736 = 0？

（2）有报警信号　查阅 B-65325CM/01 维修说明书上对应报警信号提示，排查故障。

2. 观察 PMC 状态及主轴控制的 PMC 梯形图运行状态

（1）PMC 状态监测

1）按［OFFSETTING］功能键，出现如图 2-24 所示的界面。

2）按下扩展软键，显示 PMC 界面，如图 2-25 所示。

图 2-24　参数设定界面

图 2-25　PMC 界面

3）在 PMC 界面的基础上按［PMCLAD］软键，显示梯形图界面，如图 2-26 所示。

图 2-26　梯形图界面

4）在 PMC 界面的基础上按［PMCMNT］软键，显示 PMC 监控界面，如图 2-27 所示。

图 2-27　PMCMNT 界面

（2）PMC 的状态跟踪　可以观察信号的时序关系以及瞬间变化信号的记录。

1）跟踪界面显示。在如图 2-27 所示的 PMCMNT 界面的基础上按下扩展软键两次，再按［跟踪］键，即显示跟踪界面，如图 2-28 所示。

图 2-28　PMC 跟踪界面

2）跟踪设定。按［TRCPRM］软键，显示跟踪参数设定界面，如图2-29所示。其各项参数的含义见表2-9。

图2-29　跟踪参数设定界面

表2-9　PMC跟踪参数的含义

组	项　目		含　义
采样	方式	周期	每隔一定时间记录信号
		信号变化	信号变化时记录
	分辨率		采样周期的设定
	时间		设定周期方式的采样时间
	祯		设定信号变化方式下的记录次数
停止条件	条件	无	用软键停止
		缓冲区满	用时间或祯指定的次数停止
		触发	指定信号的状态变化时停止
	触发		设定触发停止条件时的信号状态
	取样条件		设定信号变化方式下的采样条件

设定参数界面的第2页如图2-30所示，可以在此设定采样信号，最多设定32个信号。按下［IO诊断］软键，如图2-31所示，可以查看跟踪的各个点的状态。

2.2.4　电气部分故障

一、βi SVSP 一体型伺服单元（SVSP）端子说明

βi SVSP 一体型伺服单元端子如图2-23所示，其端子说明见表2-10。

图 2-30 设定参数界面的第 2 页

图 2-31 IO 诊断界面

表 2-10 βi SVSP 伺服单元端子说明

序　号	名　称	备　注
1	STATUE1	状态 LED：主轴
2	STATUE2	状态 LED：伺服
3	CX3	主电源 MCC 控制信号
4	CX4	急停信号（ESP）
5	CXA2C	DC24V 电源输入
6	COP10B	伺服 FSSB 1/F
7	CX5X	绝对脉冲编码器电池
8	JF1	脉冲编码器：L 轴
9	JF2	脉冲编码器：M 轴
10	JF3	脉冲编码器：N 轴
11	JX6	后备电源模块
12	JY1	负载表、速度表、模拟倍率
13	JA7B	主轴接口：输入
14	JA7A	主轴接口：输出
15	JYA2	主轴传感器：Mi、Mzi
16	JYA3	α 位置编码器，外部一转信号
17	JYA4	未使用
18	TB3	DC Link 接口端子
19	LED	DC Link 放电 LED（危险）
20	TB1	主电源接线端子板
21	CZ2L	伺服电动机动力线：L 轴
22	CZ2M	伺服电动机动力线：M 轴
23	CZ2N	伺服电动机动力线：N 轴
24	TB2	主轴电动机动力线
25	地线	地线抽头

二、βi SVSP 一体型伺服单元（SVSP）连接

βi SVSP 一体型伺服单元（SVSP）连接如图 2-32 所示。

图 2-32　βi SVSP 一体型伺服单元（SVSP）连接

三、故障排除方法

1）主轴驱动放大器的 LED 状态显示有报警时，先排除报警。

2）根据主轴驱动器的测量、检测端的信号状态，逐一对照检查信号的电压与波形，看是否有不正常数据。

3）检查主轴急停 G29.6，若为 1，则检查以下各项。

① 主轴外部是否存在急停。

② 主轴与驱动器的连接是否松动或错误。

③ 主轴电源连接是否正确。

④ 主轴上刀具是否夹紧。

4）检查伺服放大器本身是否有故障。用替换法换上同种型号的伺服驱动器，看故障是否排除。

2.2.5　机械传动部分及主轴组件本身故障

一、主轴强力切削时停转故障及处理

1）连接主轴电动机与主轴的传动带过松，造成主轴传动转矩过小，强力切削时主轴转

矩不足,产生报警,数控机床自动停机。重新调整主轴传动带的张紧力,故障排除,如图2-33所示。

2)连接主轴电动机与主轴的传动带表面有油,造成传动时传动带打滑,强力切削时主轴转矩不足,产生报警,数控机床自动停机。用汽油或酒精清洗传动带并擦干净,故障排除。

3)连接主轴电动机与主轴的传动带因使用过久而失效,造成主轴电动机转矩无法传递,强力切削时主轴转矩不足,产生报警,数控机床自动停机。更换新的主轴传动带,故障排除。

4)主轴传动机构中的离合器、联轴器连接调整过松或磨损,造成主轴电动机转矩传动误差过大,强力切削时主轴振动强烈,产生报警,数控机床自动停机。调整、更换离合器或联轴器,故障排除。

二、主轴不转时主轴部件故障

主轴部件的故障主要是刀具不能夹紧造成的。刀具无法夹紧的主要原因及处理方法如下。

1)碟形弹簧位移量太小,使主轴抓刀、夹紧装置无法到达正确位置,刀具无法夹紧,可通过调整碟形弹簧行程长度加以排除。

2)弹簧夹头损坏,使主轴夹紧装置无法夹紧刀具,可通过更换新弹簧夹头加以排除。

图 2-33 调节同步带

3)碟形弹簧失效,使主轴抓刀、夹紧装置无法运动到正确位置,刀具无法夹紧,可通过更换新碟形弹簧加以排除。

4)刀柄上拉钉过长,顶撞到主轴抓刀、夹紧装置,使其无法运动到正确位置,刀具无法夹紧,可通过调整或更换拉钉,并正确安装加以排除。

2.3 项目实施

1. 检查系统是否有报警信息

观察到系统显示 SP0031 故障。

2. 确定故障发生情形

查阅 B-65325CM/01 维修说明书,显示 SP0031 报警信号表述为:电动机无法按指令速度旋转,而是停止,或以极低速旋转。

(1)以极低速旋转时发生报警的情形

1)参数设定有误。

2)电动机相序错误。

3)电动机的反馈电缆错误。

4)电动机的反馈电缆故障。

(2)完全不旋转而发生故障的情形

1)锁定主轴的顺序有误。

2）动力线故障。

3）SVPM 故障。

根据故障现象描述，电动机有小幅度移动，故障锁定为1）以极低速旋转时发生报警的情形。

3. 检查参数是否有误

查看参数，设定无误。

4. 检查反馈线缆是否有故障

检查反馈线缆，没有故障。

5. 检查 TB2 电动机线缆是否有故障

检查 TB2 电动机线缆，发现 U 相和 V 相接反了。

6. 故障排除

将相序倒回来，重启系统，主轴恢复正常。

2.4 项目评估

项目结束，请各小组针对故障排除过程中出现的各种问题进行讨论，罗列出现的失误，总结在今后的学习和操作过程中如何更好地发挥团队精神、如何提高水平及效率，并填写故障记录表和项目评估表，见附表 1 和附表 2。

2.5 项目拓展

2.5.1 项目引入

某 FANUC 0i-MD 三轴加工中心，主轴为模拟主轴，指令发出后，主轴不能旋转。手动按下机床操作面板上的主轴正转或反转键，发现其显示灯都亮。

2.5.2 项目分析

变频器即电压频率变换器，是一种将固定频率的交流电变换成频率、电压连续可调的交流电，以供给电动机运转的电源装置。交流电动机变频调速与控制技术已经在数控机床、纺织、印刷、造纸、冶金、矿山以及工程机械等各个领域得到了广泛应用，特别是在数控机床领域，变频器的使用使得主轴系统的控制更加简便与可靠。

目前，通用变频器几乎都是交-直-交型变频器，因此本节以电压型交-直-交变频器为例来介绍变频器。变频器主要由整流器、逆变器和控制电路组成，如图 2-34 所示。

一、日立 SJ100 变频器面板

SJ100 变频器操作面板各指示灯及按键名称如图 2-35 所示。

运行/停止指示灯——当变频器输出驱动电动机（运行模式）时亮，而当变频器输出关闭（停止模式）时灭。

编辑/监视指示灯——当变频器已准备好进行参数编辑（编辑模式）时灯亮，当参数显示器正在监视数据（监视模式）时灯灭。

图 2-34 变频器的基本组成

图 2-35 SJ100 变频器操作面板

运行允许指示灯——当变频器已准备好响应运行命令时灯亮，而运行指令不能执行时灯灭。

[RUN] 键——按此键可起动电动机，前提是变频器处在键盘控制方式下。

[STOP/RESET] 键——按此键可以停止电动机的运转，前提是变频器处在键盘控制方式下。此键同时可在跳闸后使报警器复位。

电位器——操作者可在一定范围内选择输入一个与变频器输出频率相应的量程值。

电位器允许指示灯——当电位器运行输入量值时灯亮。

电源指示灯——当变频器通电时灯亮。

[FUNC] 键（功能键）——此键用于设置和监测参数时搜索参数和功能菜单。

🔺、🔻——使用这两个键可以增大或减小参数值。

[STR] 键（存储键）——当变频器处于编辑模式时，可以对变频器的修改参数进行保存。

二、变频器接线端子及连接

1）变频器电源及电动机强电接线端子排列如图 2-36a 所示。

a）主电路接线端子

图 2-36 接线端子

b) 控制电路接线端子

图 2-36 接线端子（续）

主电路端子见表2-11。

表 2-11 主电路端子

端子符号	端子名称	功 能	示 意 图
L1、L2、L3	主电源输入端子	接入主电源	
T1、T2、T3	变频器输出端子	连接电动机	
+、+1	直流电抗器连接端子	连接直流电抗器以抑制噪声，提高功率因数	
+、-	外部电抗器连接端子	连接再生制动单元（选件），以获得所需制动力矩	
+、RB	外部制动电阻连接端子	连接再生制动电阻（选件），以获得所需制动力矩	
G	接地端子	接地（接地以防雷击）抑制噪声	

2）变频器控制电路接线端子排列如图2-36b所示，控制电路接线端子功能见表2-12。

表 2-12 控制电路接线端子功能

端子符号	信号	端子功能	注 释
FM		监视端子（频率、电流等）	PWM 输出
L		监视频率命令公共端	—
P24		智能输入端子公共端	VC24D
6	输入监视信号	智能输入端子，选择如下：正转命令（FW），反转命令（RV），多段速度命令1~4（CF1~CF4），2级加、减速（2CH），自由停车（FRS），外部跳闸（EXT），USP功能（USP），寸动（JG），模拟量输入选择（AT），软件锁（SFT），复位（RS），初始化设定（STN），热敏保护（PTC），外部直流制动命令（DB），第二设定（SET），远程控制加、减速（UP/DOWN）	
5			
4			
3			
2			
1			

（续）

端子符号	信号	端子功能	注 释
H		频率命令电源（DC10V）	—
O	频率命令	频率命令输入端（电压命令）（DC0～10V）	输入抗阻 10kΩ
OI		频率命令输入端（电流命令）（DC4～20mA）	输入抗阻 250Ω
L		频率命令公共端	
12	输出信号	智能输出端,选择如下：运转（RUN）,过载信号（OL）,报警（AL）,频率到达（FA1）,设定频率到达（FA2）	集电极开路输出动作（ON）时为低电平
11			
CM2			
AL2	报警输出	报警输出端 ┌AL0┬AL1┬AL2┐ 1C触电（继电器）输出 ＜初始设定＞ 正常：AL0～AL1 闭合 异常、断电：AL0～AL2 闭合	触点额定值 AC250V 2.5A（阻性负载） 0.2A（cosθ＝0.4） DC30V 3.0A（阻性负载） 0.7A（cosθ＝0.4）
AL1			
AL0			

三、CNC 系统与变频器接线

1. 数控装置与模拟主轴连接信号原理

数控装置通过主轴控制接口和 PLC 输入/输出接口，连接各种主轴驱动器，实现正反转、定向、调速等控制，还可以外接主轴编码器，实现螺纹车削和铣床上的刚性攻螺纹功能。

（1）主轴启停 以 FANUC 系统为例，假如使用数控系统的输出信号 Y1.0、Y1.1 即可控制主轴装置的正、反转及停止，一般定义为接通有效；当 Y1.0 接通时，主轴装置正转；Y1.1 接通时，主轴装置反转；二者都不接通时，主轴装置停止旋转。在使用某些主轴变频器或主轴伺服单元时，也用 Y1.0、Y1.1 作为主轴单元的使能信号。

部分主轴装置的旋转方向由速度给定信号的正、负极性控制，这时可将主轴正转信号用作主轴使能控制，主轴反转信号不用。

部分主轴控制器有速度到达和零速信号，由此可使用主轴速度到达和主轴零速输入，实现 PLC 对主轴运转状态的监控。

（2）主轴速度控制 数控系统通过主轴接口中的模拟量输出可控制主轴转速。当主轴模拟量的输出范围为－10～10V 时，用于双极性速度指令输入主轴驱动单元或变频器，这时采用使能信号控制主轴的启、停。当主轴模拟量的输出范围为 0～10V 时，用于单极性速度指令输入主轴驱动单元或变频器，这时采用主轴正转、主轴反转信号控制主轴的正、反转。模拟电压的值由用户 PLC 程序送到相应接口的数字量决定。

（3）主轴编码器连接 通过主轴接口，数控装置可外接主轴编码器，用于螺纹切削、攻螺纹等。数控装置可接入两种输出类型的编码器，即差分编码器或单极性编码器。一般使用差分编码器，以确保长的传输距离的可靠性及提高抗干扰能力。数控装置与主轴编码器的接线图如图 2-37 所示。

图 2-37 数控装置与主轴编码器的接线图

2. 数控装置与变频器的连接

下面以系统为 FANUC 0i-MD 的数控机床为例，具体说明 CNC 系统、数控机床与变频器的信号流程及其功能。图 2-38 所示为数控车床主轴驱动装置（日立变频器）的接线图。

图 2-38 数控车床主轴驱动装置的接线图

（1）CNC 到变频器的信号

1）主轴正转信号、主轴反转信号。用于手动操作（JOG 状态）和自动状态（自动加工

M03、M04、M05）中，实现主轴的正转、反转及停止控制。系统在点动状态时，利用机床操作面板上的主轴正转和反转键发出主轴正转或反转信号，通过系统 PMC 控制 KA3、KA4 的通断，向变频器发出信号，实现主轴的正、反转控制，此时主轴的速度是由系统存储的 S 值与机床主轴的倍率开关决定的。系统在自动加工时，通过对程序辅助功能代码 M03、M04、M05 的译码，利用系统的 PMC 实现继电器 KA3、KA4 的通断控制，从而达到主轴的正、反转及停止控制，此时的主轴速度是由系统程序中的 S 指令值与机床的倍率开关决定的。

2）系统故障输入信号。当数控机床出现故障时，通过系统 PMC 发出信号控制 KA6 获电动作，使变频器停止输出，实现主轴自动停止控制，并发出相应的报警信息。

3）系统复位信号。当系统复位时，通过系统 PMC 控制 KA7 获电动作，进行变频器的复位控制。

4）主轴电动机速度模拟量信号。用来接收系统发出的主轴速度信号（模拟量电压信号），实现主轴电动机的速度控制。FANUC 系统将程序中的 S 指令与主轴倍率开关的乘积转换成相应的模拟量电压（0～10V），输入到变频器的模拟量电压频率给定端，从而实现主轴电动机的速度控制。

（2）变频器到 CNC 的信号

1）变频器故障输入信号。当变频器出现任何故障时，数控系统也停止工作并发出相应的报警（机床报警灯亮并发出相应的报警信息）。主轴故障信号通过变频器的故障输出端发出，再通过 PMC 向系统发出急停信号，使系统停止工作。

2）主轴频率到达信号。数控机床自动加工时，主轴频率到达信号实现切削进给开始条件的控制。当系统的功能参数设定为有效时，系统执行进给切削指令前要进行主轴速度到达信号的检测，即系统通过 PMC 检测来自变频器的主轴频率到达信号。系统只有检测到该信号，切削进给才能开始，否则系统进给指令一直处于待机状态，使用 SU 作为信号的输入。

（3）变频器到机床侧的信号　变频器将实际输出电流转换成模拟量电压信号（0～10V），通过变频器输出接口（FM-L）输出到机床操作面板上的主轴负载表（模拟量或数显表），实现主轴负载监控。

四、变频器基本参数设定

1. 基本参数定义

（1）控制方式设定（频率来源设定）：A01

00：键盘电位器控制。

01：控制端子控制。

02：功能 F01 设定。

（2）运行选择（运行指令来源设定）：A02

01：控制端子。

02：数字操作器。

（3）基频设定：A03

设置电动机的运行基频，通常为 50Hz 或 60Hz。

（4）最大频率设定：A04

允许变频器输出的最大频率，默认为 50Hz。

（5）电动机电压等级选择：A82

设置值范围：200～460V。

当 A81＝00，自动稳压功能（AVR）允许，此时可以在变频器电源电压出现较大波动时保持输出电压不变，并且需要根据电动机选择合适的电压级别，即需设定 A82 参数。200V 级变频器设置：200、220、230、240；400V 级变频器设置：380、400、415、440、460。

（6）输出频率设定：F01

确定电动机恒定转速的频率。

（7）加速时间：F02；减速时间：F03

加速时间是输出频率从 0 上升到最大频率所需的时间；减速时间是输出频率从最大频率下降到 0 所需的时间。通常用频率设定信号上升、下降来确定加、减速时间。在电动机加速时须限制频率设定的上升率以防止过电流，减速时须限制下降率以防止过电压。

加速时间设定要求是：将加速电流限制在变频器过电流容量以下，以免过电流失速而引起变频器跳闸。减速时间设定要求是：防止平滑电路电压过大，以免再生过电压失速而引起变频器跳闸。加、减速时间可根据负载计算出来，但在调试中常按负载和经验先设定较长的加、减速时间，通过启、停电动机观察有无过电流、过电压报警；然后将设定的加、减速时间逐渐缩短，以运转中不发生报警为原则，重复操作几次，便可确定最佳加、减速时间。

（8）电动机转向设定：F004

00：正转。

01：反转。

（9）频率上限设定：A061；频率下限设定：A062

A061：设置小于最大频率（A04）的频率上限，为 0.5～360Hz，0.0 表示设置无效，大于 0.1 表示设置生效。

A062：设置大于 0 的频率下限，为 0.5～360Hz，0.0 表示设置无效，大于 0.1 表示设置生效。

频率限制是为防止误操作或外接频率设定信号源出故障，引起输出频率过高或过低，从而损坏设备的一种保护功能，在应用中按实际情况设定即可。此功能还可用于限速，如有的带输送机，由于输送物料不太多，为减少机械和带的磨损，可采用变频器驱动，并将变频器上限频率设定为某一频率值，这样就可使带输送机运行在一个固定、较低的工作速度上。

（10）电动机极数选择：H004

4 种选择：2、4、6 和 8。

（11）自整定选择：H001

可以设定整定时电动机运转或不运转。

00：自整定关闭。

01：自整定（旋转电动机）。

02：自整定（不旋转，测量电动机电阻和电感）。

（12）电动机容量选择：H003

9 种选择：0.2、0.4、0.75、1.5、2.2、3.7、5.5、7.5 和 11。

2. 基本功能设定

变频器的 3 种控制方式设定方法如下。

1）面板控制。这种方式通过变频器的操作键盘或变频器本身提供的控制参数来对变频器进行控制，具体操作步骤如下。

① 将参数 A01 设为"02"，A02 设为"02"。

② 改变参数 F01（变频器频率给定）的值来增加或减小给定频率。

③ 完成上述步骤后，变频器已经进入待命状态。按［RUN］键，电动机运转。

④ 按"STOP/RESET"键，电动机停止。

⑤ 设置参数 F04 为"00"（正转）或"01"（反转），可改变电动机的旋转方向。

⑥ 按［RUN］键，电动机运转，但旋转方向已经改变。

2）电位器控制。SJ100 日立变频器的操作面板上配有调速电位器，可通过其旋钮来调节变频器所需要的指令电压，从而控制变频器的输出频率，改变电动机的运行速度。采用这种控制方式的具体操作步骤如下。

① 将参数 A01 设为"00"，A02 设为"02"，A04 设为"60"。

② 通过调节电位器来控制电动机的运行转速，将电位器旋过一定的角度。

③ 按［RUN］键，这时电动机应该可以旋转，通过改变电位器的旋转角度来改变变频器的输出频率，控制电动机的旋转速度。

3）外部端子控制。这里用数控系统作为外部端子控制的上位控制器，变频器上的频率给定与运行指令给定都是利用数控系统进行控制的，具体做法如下。

① 接通各部分电源。

② 参照手操键盘给定方式的步骤，将参数 A01 和 A02 均恢复为"01"（默认值）。

③ 通过 FANUC 的主轴控制命令控制变频器的运行。例如，在"MDI"工作方式下执行"M03 S500"，电动机就会以 500r/min 的转速正转。

五、变频主轴不转的故障处理

1. 机械传动故障

检查传动带有无断裂或机床是否挂了空档。

2. 主轴的三相电源断相

用万用表检查电源，调换任两条电源线。

3. 数控系统的变频器控制参数未打开

进行数控系统参数设定。

1）3701#1（ISI）设定为 0；#4（SS2）设定为 0。

2）3716#0（A/S）设定为 0。

3）3717 设定为 1。

4）3736：主轴电动机的最高钳制速度。

5）3741：与齿轮 1 对应的各主轴的最大转速。

6）8133#5（SSN）：主轴的构成设定参数。

4. 系统与变频器的线路连接错误

参照如图 2-38 所示的系统与变频器的连线，用万用表测定，确保连线正确。

5. 模拟电压输出不正常

用万用表检查系统输出的模拟电压（变频器为 O-L 端）是否正常；检查模拟电压信号线连接是否正确或接触不良，变频器接收的模拟电压是否匹配。

6. 强电控制部分断路或元器件损坏

检查主轴供电这一线路各触头连接是否可靠，线路是否存在断路，直流继电器是否损坏，熔断器是否烧坏。

7. 变频器参数未调好

变频器内含有控制方式选择，分为变频器面板控制主轴方式、NC 系统控制主轴方式等。若不选择 NC 系统控制主轴方式，则无法用系统控制主轴，因此需要将该参数修改为 NC 系统控制主轴方式，并检查相关参数设置是否合理。数控系统控制属于外部控制模式，A01 和 A02 应均恢复为"01"（默认值）。

2.5.3　项目实施

1. 机械部分检查

通过观察，主轴机械部分无卡死现象。

2. 电气部分检查

1）用万用表交流电压档，测试变频器主回路输入电压及输出电压，发现无断相情况，将输出电压任两相颠倒，发现电动机无法旋转。

2）用万用表直流电压档测试控制回路的 24V 电压，发现电压正常。

3）通过 CNC 操作面板操作或手动按主轴正转或反转键，指示灯亮，但是主轴不动，说明 PMC 的正、反转信号输入正常。在这两种情况下，用万用表直流电压档测试 O-L 端子，发现电压不为零，且在正常范围内，也是正常的。

3. 检查 CNC 与主轴相关参数

发现 ISI = 0，SS2 = 0，A/S = 0，3717 = 1，SSN = 1，说明 CNC 参数设置正常，模拟主轴已打开。

4. 检查变频器参数

发现 A01 和 A02 均恢复为"02"，属于面板控制模式，将这两个参数都恢复为"01"，重新上电启动，故障解除。

阅读课堂

第一台数控机床

1952 年，约翰·帕森斯在美国麻省理工学院的伺服机械实验室里建造了一台数控铣床试验机，成功地实现了三轴运动的同时控制。这台数控机床被大家称为世界上第一台数控机床。1954 年 11 月，在约翰·帕森斯专利的基础上，第一台工业用的数控机床由美国本迪克斯公司正式生产出来。

1958 年，中国第一台数控机床在北京清华大学航空馆诞生，其代号为 101。101 号数控机床是由北京第一机床厂与清华大学的电机系、机械系、自动化控制系的师生共同研发制造的。101 号数控机床是一台三坐标铣床，采用直线插补的电子管计算机系统，其传动系统为步进电动机带动的电气随动系统。101 号数控机床的研制成功填补了中国在数控机床领域的空白。

项目3

进给轴无动作

3.1 项目引入

3.1.1 故障现象

某企业一台配备 FANUC 0i-MD 系统的机床出现故障，故障现象为正常使用加工中心加工工件时，由于突然停电，造成系统突然断电，电力恢复后，给加工中心按照规定顺序上电，数控系统正常启动，但 X 轴无法正常运行，驱动 X 轴运行的伺服电动机不转，屏幕出现"SV0401：X 轴伺服没有准备好"报警。

3.1.2 故障调查

报警状态下机床无法动作，根据报警信息"SV0401：X 轴伺服没有准备好"得出初步诊断结果：机床的 X 轴伺服进给系统出现故障。

3.1.3 维修前准备

1）机床 X 轴伺服进给系统的组成。
2）技术手册：参数手册、维修手册、操作手册等。
3）测量工具：万用表、示波器等。
4）拆装工具：螺钉旋具等。

3.2 项目分析

对机床 X 轴伺服进给系统故障的产生原因进行分析，首先需要明确数控机床伺服驱动系统的组成，才能进一步分析故障可能产生的位置。下面，将对数控机床伺服驱动系统的组成进行介绍。

3.2.1 数控机床伺服驱动系统的组成

金属切削数控机床的驱动系统包括伺服驱动系统和主轴驱动系统两大部分，如图 3-1 所示，伺服驱动系统用于刀具运动轨迹的控制，主轴驱动系统用于刀具或工件旋转的切削运动

图 3-1　机床数控系统的组成

控制。

全功能数控系统的 CNC 需要实现实时监控、动态调整刀具的运动速度和位置，其坐标轴的位置、速度直接由 CNC 计算并输出给伺服驱动系统，进而产生相应的位移，因此两者密不可分。数控系统所发出的控制指令，是通过进给驱动系统来驱动机械执行部件，最终实现机床精确的进给运动的。数控机床的进给驱动系统是一种位置随动与定位系统，其作用是快速、准确地执行由数控系统发出的运动命令，精确控制机床进给传动链的坐标运动。它的性能决定了数控机床的许多性能，如最高移动速度、轮廓跟随精度、定位精度等，并直接影响加工工件的精度。

图 3-2 所示为数控机床进给驱动系统的一般结构图。由图可见，数控机床进给驱动系统由数控系统、伺服驱动器、伺服电动机、进给传动机构和检测反馈装置等组成。一般加工中心的数控系统（CNC 控制单元）根据待加工工件的信息或指令信息发出控制信号给伺服驱动器，CNC 与伺服的连接采用 FSSB（FANUC Serial Servo Bus，FANUC 串行伺服总线）总线，其传输介质为光缆。驱动器对该指令信号进行运动控制解析，驱动信号功率放大器等将驱动信号输送至伺服电动机。伺服电动机在驱动信号的驱动下由励磁作用产生磁场，进而产生旋

图 3-2　数控机床进给驱动系统的一般结构图

转运动。通过机械结构，该旋转运动与其他轴配合运动，实现对工件的加工。加工时由于受到加工力等的干扰，进给传动机构（X轴滑板）的输出位移以及电动机的转速与给定值不同，可通过反馈检测环节测量电动机的转速或者X轴滑板的位移，并反馈回伺服驱动器或者CNC控制单元，形成半闭环或全闭环的反馈控制。

根据如图3-2所示的进给伺服系统的结构可以判断出，系统的各个环节互相影响，X轴无法正常运行，故障可能出在进给驱动系统的各个环节。为了确定故障位置，可以按照驱动系统的结构图对驱动系统的各个环节进行逐一排查。下面简单介绍各个环节。

（1）伺服驱动器　伺服驱动器是将CNC的指令信号转换为控制伺服电动机运行的电压、电流信号的装置，全功能型CNC的位置、速度控制通过CNC实现，其伺服模块主要用于PWM信号放大和转矩控制，故又称为伺服放大器。如图3-3所示，FANUC的伺服驱动器有αi系列伺服驱动器和βi系列伺服驱动器。其中，αi系列伺服驱动器采用模块化结构，βi系列伺服驱动器一般为一体化结构。

a) αi系列伺服驱动器　　　　b) βi系列伺服驱动器

图3-3　进给驱动系统的伺服驱动器

（2）伺服电动机　电动机是驱动系统的执行部件，驱动器与电动机都需要配套使用。按驱动元件不同，伺服系统可分为步进电动机驱动系统、直流伺服驱动系统和交流伺服驱动系统三大类。FANUC伺服驱动电动机主要有标准交流永磁同步电动机、转台直接驱动电动机和直线电动机三大类产品。图3-4所示为FANUC公司的标准伺服电动机系列，本书中所介绍的系统采用标准电动机驱动伺服进给系统，其具有结构简单、使用方便、制造成本低等一系列优点。与驱动器配套，FANUC的电动机也分为αi和βi两大系列的产品。伺服电动机需要通过滚珠丝杠螺母副将电动机的旋转运动转变为机床的直线运动。

图3-4　FANUC标准伺服电动机系列

（3）进给传动机构　伺服电动机输出的运动形式为旋转运动，进给驱动系统需要的运动形式为直线运动，因此一般进给驱动系统都会配备进给传动的机械结构，用于将伺服电动机输出的旋转运动转变为进给驱动系统需要的直线运动。大部分机床使用螺旋传动完成运动形式的转变。

数控机床常用滚珠丝杠螺母副完成螺旋传动，实现进给传动中运动和动力的传递。滚珠丝杠螺母副是保证进给精度的主要部件，其结构如图 3-5 所示。

（4）检测反馈装置　检测反馈装置是数控机床中的伺服系统实现位置检测的装置，一般直线轴进给驱动系统采用直线光栅，回转轴驱动系统采用编码器，如图3-6 所示。伺服驱动系统不仅可通过伺服电动机内置编码器构成半闭环系统，还可

图 3-5　滚珠丝杠螺母副的结构图

使用光栅尺、直接检测编码器构成全闭环系统。检测反馈装置一般用于实现伺服驱动系统的闭环或者半闭环反馈。普通的数控机床多使用半闭环反馈，精密或者高精密的数控机床一般使用全闭环反馈。

a) 测量直线位移的光栅　　　　　b) 测量角度的旋转编码器

图 3-6　典型的检测反馈装置（光栅型）

根据前面的介绍，机床的进给伺服系统是由数控系统、伺服驱动器、伺服电动机、进给传动机构和检测反馈装置等组成的。因此，如图 3-7 所示，X 轴如果无法进给，可能是 X 轴

图 3-7　数控机床伺服进给系统的结构框图

进给伺服系统中的任何一个环节发生故障引起的，并且很难直接判断故障的位置。为了判断引起 X 轴无法正常动作的故障及其位置，可以对 X 轴的伺服进给系统进行排查。本项目以进给伺服系统为基础，在介绍相关知识的基础上，对进给伺服系统的各个部分进行分析和测试，判断各部分是否出现故障，最终实现故障的定位。

根据图 3-7，一般数控机床伺服进给系统故障的诊断流程如图 3-8 所示，一般可以按照该流程对数控机床的伺服进给系统的各环节进行逐一诊断及维修。数控系统的故障诊断与维修一般遵循先机后电（即先机械环节再电气环节）的顺序进行。

图 3-8　数控机床进给伺服系统故障诊断流程图

3.2.2　进给传动机构引起的故障分析

按照数控机床故障诊断的先机后电的一般原则，首先应诊断是否有机械故障。机床的进给伺服系统的进给传动机械结构由滚珠丝杠运动副、导轨副和联轴器三部分组成。一般机械结构的故障多是长时间运行或者误操作造成运动副的损伤或损坏引起的。本次故障中机床的 X 轴伺服进给系统无法动作，如果是机械结构发生故障，则引起故障的原因可能是机械结构发生了卡死。

一、进给传动机构的组成

数控机床的进给系统由进给驱动系统和进给传动系统两大部分构成。其中进给传动系统由伺服电动机及检测元件、传动机构、运动变换机构、导向机构、执行元件等组成。常用的传动机构有联轴器、一到两级传动齿轮和同步带，运动变换机构有丝杠螺母副、蜗杆蜗轮副、齿轮齿条副等，导向机构有滑动导轨、液动导轨、静压导轨、轴承等。数控机床的进给传动系统的任务是实现执行机构（刀架、工作台等）的运动。大部分数控机床的进给系统是由伺服电动机经过联轴器与滚珠丝杠直接相连，然后由滚珠丝杠螺母副驱动工作台运动的，其机械结构比较简单，如图3-9所示。数控机床进给系统中的机械传动装置和元件具有高寿命、高刚度、无间隙、高灵敏度和低摩擦阻力等特点。数控机床进给传动系统中的机械结构一般由滚珠丝杠螺母副和导轨副组成。

1. 滚珠丝杠螺母副

滚珠丝杠螺母副是在丝杠和螺母之间以滚珠为滚动体的螺旋传动元件。它将电动机的旋转运动转变为直线运动。

滚珠丝杠螺母副主要由丝杠、螺母、滚珠、滚道组成，如图3-10所示。滚珠丝杠螺母副的工作原理：在丝杠和螺母上加工有弧形螺旋槽，当它们套装在一起时形成螺旋滚道，在滚道内装满滚珠，当丝杠相对于螺母旋转时，滚珠在封闭滚道内沿滚道滚动，迫使螺母轴向移动，从而将旋转运动转变成直线运动，即丝杠和螺母发生轴向位移，而滚珠则沿着滚道滚动。

图 3-9　数控机床进给传动系统的实物图

图 3-10　滚珠丝杠螺母副实物图

2. 导轨副

导轨副是机床的重要部件之一，它在很大程度上决定了数控机床的刚度、精度和精度保持性。数控机床导轨必须具有较高的导向精度、高刚度、高耐磨性，机床在高速进给时应不振动、低速进给时应不爬行。目前数控机床使用的导轨副主要有3种：滑动导轨、滚动导轨和液体静压导轨。

（1）滑动导轨　图3-11所示为滑动导轨，滑动导轨具有摩擦特性好、耐磨特性好、运动平稳、工艺性好、速度较低等特点。数控机床所使用的滑动导轨材料为铸铁-塑料、镶钢-塑料。其中塑料常用聚四氟乙烯导轨软带和环氧型耐磨导轨图层。

图 3-11　滑动导轨

（2）滚动导轨 图 3-12 所示为滚动导轨，滚动导轨作为滚动摩擦副的一类，具有摩擦因数小、阻力小、精度高、寿命长、润滑方便等特点，因此被广泛应用于精密机床、数控机床、测量机和测量仪器上。滚动导轨的主要缺点是抗冲击载荷的能力较差，且对灰尘、屑末等较敏感，所以应有良好的防护罩。

图 3-12 滚动导轨

（3）液体静压导轨 液体静压导轨是将具有一定压力的油液经节流器输送到导轨面的油腔中，形成承载油膜，将相互接触的金属表面隔开，实现液体摩擦。这种导轨的摩擦因数小，机械效率高；由于导轨面间有一层油膜，所以吸振性好；导轨面不相互接触，不会磨损，寿命长，而且在低速下运行也不易产生爬行。但液体静压导轨结构复杂，制造成本较高。液体静压导轨按导轨形式可分为开式和闭式两种，按供油方式分为恒压（即定压）供油和恒流（即定量）供油两种。

3. 联轴器

当电动机与丝杠直接连接时，使用联轴器。图 3-13 所示为不同类型的联轴器。联轴器是将两轴轴向连接起来并传递转矩及运动的部件，具有一定的补偿两轴偏移的能力。为了减小机械传动系统的振动、降低冲击尖峰载荷，联轴器还应具有一定的缓冲减振性能，有时也兼有过载安全保护作用。

图 3-13 不同类型的联轴器

联轴器种类很多，根据其内部是否包含弹性元件，可分为刚性联轴器与弹性联轴器两大类。刚性联轴器根据其结构特点可分为固定式与平移式两类。常见的固定式刚性联轴器有套筒联轴器、凸缘联轴器和夹壳联轴器等；平移式刚性联轴器有齿轮联轴器、十字滑块联轴器和万向联轴器等。前者没有补偿偏移的能力，后者能利用某些元件间的相对运动来补偿两轴的偏移。通常，平移式刚性联轴器补偿能力高于弹性联轴器，结构简单，价格便宜，但它无吸收振动、缓和冲击的能力。只有在载荷平稳、转速稳定、能保证被连接两轴轴线相对偏移极小的情况下，才可选用刚性联轴器。弹性联轴器有弹性元件，故能吸收振动、缓和冲击，同时也可利用弹性变形不同程度地补偿两轴线可能发生的偏移。根据弹性元件的材料性质，弹性联轴器可分为金属弹性联轴器和非金属弹性联轴器。常见的金属弹性联轴器有簧片联轴器、膜片联轴器和波纹管联轴器等，常见的非金属弹性联轴器有轮胎式联轴器、整圈橡胶联轴器和橡胶块联轴器等。非金属弹性联轴器在转速不平稳时有很好的缓冲减振性能，但由于非金属（橡胶、尼龙等）弹性元件强度低、寿命短、承载能力小、不耐高温和低温，故适用于高速、轻载和常温的场合；金属弹性联轴器除了具有较好的缓冲减振性能外，承载能力较强，适用于速度和载荷变化较大及高温或低温场合。

二、进给传动机构常见机械故障分析

进给传动机构是由多个机械结构组成的，表3-1、表3-2分别列举了滚珠丝杠、导轨等在使用过程中常见的故障、故障原因及维修方法。

表 3-1　滚珠丝杠常见故障、故障原因及维修方法

故障现象	故障原因	维修方法
滚珠丝杠副发出噪声	丝杠支承轴承的压盖压合情况不好	调整轴承压盖，使其压紧轴承端面
	丝杠支承轴承破裂	更换新轴承
	电动机与丝杠联轴器松动	拧紧联轴器，锁紧螺钉
	丝杠润滑不良	改善润滑条件，使润滑油量充足
	滚珠丝杠副滚珠有破损	更换新滚珠
滚珠丝杠运动不灵活	轴向预加载荷过大	调整轴向间隙和预加载荷
	丝杠与导轨不平行	调整丝杠支座位置，使丝杠与导轨平行
	螺母轴线与导轨不平行	调整螺母座位置
	丝杠弯曲变形	调整丝杠
	丝杠副润滑不良，噪声较大	用润滑脂润滑丝杠，需移动工作台，取下罩套，涂上润滑脂

表 3-2　导轨常见故障、故障原因及维修方法

故障现象	故障原因	维修方法
导轨研伤	机床经长时间使用，地基与床身的水平度有变化，使导轨局部单位面积负荷过大	定期进行床身导轨的水平度调整，或修复导轨精度
	长期加工短工件或承受过分集中的负荷，使导轨局部磨损严重	注意合理分布短工件的安装位置，避免负荷过分集中
	导轨润滑不良	调整导轨润滑油量，保证润滑油压力
	导轨材质不佳	采用电镀加热自冷淬火对导轨进行处理，导轨上增加锌铝铜合金板，以改善摩擦情况
	刮研质量不符合要求	提高刮研修复的质量
	机床维护不良，导轨里落入脏物	加强机床保养，保护好导轨防护装置
导轨上移动部件运动不良或不能移动	导轨面研伤	用F180砂纸修磨机床与导轨面上的研伤
	导轨压板研伤	卸下压板，调整压板与导轨间隙
	导轨镶条与导轨间隙太小，调得太紧	松开镶条防松螺钉，调整镶条螺栓，使运动部件运动灵活，保证0.03mm的塞尺无法塞入，然后锁紧防松螺钉

（续）

故障现象	故障原因	维修方法
加工面在接刀处不平	导轨直线度超差	调整或修刮导轨，公差为 0.015mm/500mm
	工作台镶条松动或镶条弯度太大	调整镶条间隙，镶条弯度在自然状态下小于 0.05mm/全长
	机床水平度超差，使导轨发生弯曲	调整机床安装水平度，保证平行度、垂直度误差在 0.02mm/1000mm 之内

本项目的数控机床的传动进给机构经过机械部件的检验及排查，未发现相应的故障，故进行数控系统引起的故障分析。

3.2.3 数控系统（CNC 单元）引起的故障分析

数控机床突然断电，数控系统的 X 轴伺服模块可能受到电泳冲击导致伺服模块发生损坏。如果伺服模块损坏，数控系统将无法正常通过其伺服模块输出正确的控制信号，导致系统发生故障。为了分析数控系统可能出现的故障，首先对数控系统的基本知识进行学习。

一、数控系统硬件配置

1. 数控系统的硬件组成

数控系统中的控制单元是数控装置，数控装置就是一个专用计算机，包括主板和 I/O 板两部分，两部分并排插在系统框架内。主板主要包括主 CPU、存储器模块、PMC 控制模块、伺服控制模块以及主轴模块等。根据系统的功能，主板上还可安装存储板、PMC 控制模块、轴模块等基本配置及 DNC、HSSB、PROFIBUS 等选件。I/O 板提供与机床的 I/O 接口、手轮接口、以太网的数据服务接口。图 3-14 所示为数控系统的硬件组成。

2. CNC 单元组成及分类

CNC 单元的硬件配置有主板、存储器板、I/O 板、伺服轴控制板和数控电源板等。

控制单元中电路板的主要部分及其用途如下。

1）CPU：负责整个系统的运算、管理控制等。

2）存储器：包括 F-ROM、S-RAM、D-RAM，其中 F-ROM（只读存储器）存放着 FANUC 公司的系统软件；S-RAM（静态随机存储器）存放着机床厂及用户数据，如系统参数、加工程序、用户宏程序、PMC 参数、刀具补偿及工件坐标补偿数据、螺距误差补偿数据；D-RAM（动态随机存储器）为工作存储器，在控制系统中起缓存作用。

3）数字伺服轴控制卡：目前广泛采用全数字伺服交流同步电动机控制，简称轴控制卡。

4）主板：包含 CPU 外围电路、I/O Link（串行输入输出转换电路）、数字主轴电路、模拟主轴电路、RS232-C 数据输入输出电路、MDI（手动数据输入）接口电路、High Speed Skip（高速输入信号）、闪存卡接口电路等。

5）显示控制卡：含有子 CPU 以及字符图形处理电路。

6）电源：主要提供 5V 和 24V 直流电源，5V 直流电源用于各板的供电，24V 直流电源用于单元内继电器控制、RS232-C 串行口及数据通信。

除上述这些板外，还有图形控制板、PMC（即 PLC）板等，用户可根据要求选订。同时为增加系统功能，FANUC 0i 系统控制单元上有两个选择插槽，用户可以根据需要选择配

图 3-14　数控系统的硬件组成

置，如串行通信板（DNC2）、网卡等。

FANUC 0i 系统从外形上按照 LED 显示器与 CNC 单元是否分离，可分为内装式和分离式两种，两种方式的硬件组成相同，功能也基本相同。图 3-15a 所示为内装式数控系统，系统控制单元主板安装在显示器背面，控制单元与显示器（液晶显示器）是一体的，主板上装有 CPU、存储器（F-ROM 和 RAM）、轴卡等，如图 3-16 所示。如图 3-15b 所示，分离式

a) 内装式CNC单元

b) 分离式CNC单元

图 3-15　内装式和分离式 CNC 单元外部形状

控制单元的控制单元与显示器是分离的，显示器可以是 CRT 显示器也可以是液晶显示器。内装式系统体积小；分离式系统使用更灵活些，如大型龙门镗铣床的显示器需要安装在吊挂上，控制单元适宜安装在控制柜中，显然分离式系统更适合。分离式控制单元的主板构成与内装式数控系统相同，但二者的外接端子会有差异，如图 3-17 所示，在实际使用时应该查阅机床配套的数据手册，判断其接口位置。

图 3-16　CNC 控制单元的主板

图 3-17　CNC 控制单元的接口

二、数控系统硬件常见故障分析

如果数控系统硬件出现故障，数控系统通常无法正常启动，或者相应模块无法输出正常的控制信号。本项目中的数控系统可以正常启动，且加工中心的 Z 轴和 Y 轴可以正常运行，因此数控系统中主 CPU 及各个模块硬件未损坏。

3.2.4　伺服驱动器引起的故障分析

伺服驱动器是将 CNC 的指令信号转变为控制伺服电动机运动的电压、电流信号的装置。FANUC 0i-MD 可以配备的伺服驱动器有 αi 系列和 βi 系列两种。

一、数控系统的伺服驱动器

1. 伺服驱动器简介

（1）αi 系列伺服驱动器　αi 系列驱动器采用模块化结构，由电源模块（Power Supply Module，PS 或 PSM）、伺服模块（Servo Amplifier Module，SV 或 SVM）和主轴模块（Spindle Amplifier Module，SP 或 SPM）组成。作为驱动器的附件，还可根据需要选择电源变压器、滤波电抗器等。

1）电源模块：电源模块的作用是为主轴、伺服驱动模块的逆变主电路提供公共的直流母线电压。它主要由整流主电路、直流母线电压控制电路等组成。αi 系列驱动器的电源模块分为电阻放电模块和回馈放电模块，电阻放电模块直接利用制动电阻消耗电动机制动能量，回馈放电模块可将制动能量回馈到电网。

2）伺服模块：全功能型 CNC 的位置、速度控制通过 CNC 实现，其伺服模块主要用于 PWM 信号放大和转矩控制，故又称伺服放大器。αi 系列驱动器的伺服模块主要由逆变主电路、控制电路、电枢电压和电流调节电路、坐标转换与矢量控制电路等组成。根据控制轴数，伺服模块可选择单轴、2 轴或 3 轴驱动模块。

3）主轴模块：αi 系列主轴模块用于 FANUC 主电动机控制，其结构与伺服模块类似。

主轴模块可选择单传感器输入（one spindle sensor input，A型）和双传感器输入（two spindle sensor input，B型）两类。A型模块只可连接一个位置/速度检测编码器，B型模块可同时连接两个位置/速度检测编码器。

4）驱动器附件：αi系列驱动器的附件主要包括交流电感器（AC Reactor）、滤波器（Line Filter）、电源变压器、制动电阻、主/从模块和接触器单元、断路器、电缆、浪涌吸收器等。其中，制动电阻、主/从模块和电缆需要根据主轴的功能需要选用，电源变压器、接触器单元、断路器等一般由用户自行选配。交流电感器和滤波器的作用相似，主要用于电源模块的进线滤波，以减缓电网对驱动器的冲击，并防止驱动器整流、逆变引起的电网畸变。交流电感器与滤波器一般由FANUC公司配套提供，用户只需要根据电源模块的功率直接选用。

FANUC 0i-MD的数控系统连接方式由于采用了网络控制技术和集成式结构，与伺服驱动、主轴驱动、I/O单元的连接都可以通过总线进行，因此数控系统单元的连接比较简单。但是FANUC数控系统的伺服驱动器分为αi系列驱动器和βi系列伺服驱动器，两种伺服驱动器的连接方式各不相同。

（2）βi系列伺服驱动器　βi系列伺服驱动器是FANUC公司生产的经济型驱动产品，可用于普及型数控机床的基本坐标轴控制或高性能机床的机械手、传送装置等辅助控制。由于βi系列伺服驱动器的产品性价比较高，故在中低档数控机床上应用较广。FANUC 0i-MD一般只能选配βi系列伺服驱动器，FANUC 0i-MD/0iTD也可选配βi系列伺服驱动器。根据驱动器结构，βi系列伺服驱动器有伺服驱动和伺服轴/主轴一体型驱动两类产品，目前尚无独立的主轴驱动器。伺服驱动有单轴、2轴两种产品，其电源、驱动模块合一，驱动器可独立安装。伺服/主轴一体型驱动有2轴伺服加主轴和3轴伺服加主轴两类产品，其伺服、主轴等控制电路为一体化设计，驱动器为整体安装。βi单轴伺服驱动有200V输入标准型和400V输入HV型两种规格可供选择，并分为带FSSB网络控制型和I/O Link网络控制型两类。前者可通过FSSB总线连接到CNC，作为CNC的基本坐标轴驱动；后者可通过I/O Link总线连接到PMC，作为PMC控制的辅助轴驱动。但是，βi多轴伺服驱动和伺服轴/主轴一体型驱动目前只有200V输入、FSSB总线控制型，故暂时只能用于CNC基本坐标轴控制。伺服/主轴一体型驱动有2轴伺服加主轴和3轴伺服加主轴两类，并分标准电动机驱动的βiSVSP型和经济型电动机驱动的βiSVSPc型两个系列，目前都只有200V输入、FSSB接口的标准型产品。标准驱动可配套βi、αi系列标准伺服电动机和主轴电动机；经济型驱动是FANUC新开发的产品，只能选配βiSc系列经济型伺服电动机和βiIc系列经济型主电动机，多用于配套FANUC 0i-MD的普及型机床。

βi伺服驱动：200V输入标准型βi伺服驱动时FANUC 0i-MD常用的配套产品，有200V标准型和400V高电压型（HV型），使用时可根据需要具体选择。

βiSVSP驱动器：βiSVSP伺服/主轴一体标准型驱动只有带FSSB接口的基本坐标轴驱动产品，目前只有200V输入标准型。

βiSVSPc经济型驱动：βiSVSPc伺服/主轴一体经济型驱动器可由用户根据自身的要求及产品的规格表选择。

驱动器附件：与αi系列驱动器一样，βi系列驱动器也需要选择交流电感器或滤波器，用于进线滤波，伺服驱动器配套的交流电感器、滤波器也有其规格表。为了保证驱动器的散热，βi 系列伺服驱动器还需要配套风机单元，以完成散热任务。

2. 伺服驱动器的硬件连接

FANUC 0i-MD 系统采用的是 βiS 系列的伺服单元，它是 FANUC 公司推出的可靠性高、性价比高的进给伺服驱动装置，一般用于小型数控机床进给轴的伺服驱动及大中型加工中心数控机床的附加伺服轴驱动。

（1）βiS 系列伺服单元端子的功能

L1、L2、L3：主电源输入端接口，三相交流电源 200V、50Hz/60Hz。

U、V、W：伺服电动机的动力线接口。

CX3：主电源 MCC 控制信号接口。

CX4：急停信号（＊ESP）接口。

CXA2C：DC24V 电源输入。

COP10B：伺服高速串行总线（HSSB）接口。

CX5X：绝对脉冲编码器电池。

JF1：脉冲编码器，L 轴。

JF2：脉冲编码器，M 轴。

JF3：脉冲编码器，N 轴。

JX6：后备电池模块。

JY1：负载表、速度表、模拟倍率。

JA7A：主轴接口输出。

JA7B：主轴接口输入。

JYA2：主轴传感器，Mi、Mzi。

JYA3：α 位置编码器，外部一转信号。

JYA4：未使用。

TB3：DC Link 接口端子。

TB1：主电源接线端子板。

CZ2L：伺服电动机动力线，L 轴。

CZ2M：伺服电动机动力线，M 轴。

CZ2N：伺服电动机动力线，N 轴。

TB2：主轴电动机动力线。

（2）βiS 系列伺服单元的连接　下面以 FANUC 0i-MD 系统数控机床为例，说明 βiS 伺服单元的连接，其连接图如图 3-18 所示。380V 动力电源经过伺服变压器转变成 200～240V 电源后分别连接到 X 轴、Y 轴、Z 轴伺服单元的 L1、L2、L3 端子，作为伺服单元主电路的输入电源。外部 24V 直流稳压电源连接到伺服单元的 CXA2C。JF1 连接到相应的伺服电动机内装编码器的接口上，作为 X 轴、Y 轴、Z 轴的速度和位置反馈信号控制。

二、伺服驱动器的一般故障及故障诊断方法

伺服驱动器引起的故障主要有：①伺服驱动器不满足启动条件，使能端不使能，电动机无法启动；②电压突增或电流浪涌等导致数控系统与伺服驱动器的连接线损坏，产生故障；③由于伺服驱动器电源连接不正常或其本身损坏，伺服驱动器无法正常输出驱动信号，电动机无法正常工作；④伺服电动机发生故障，相应轴对应的进给伺服系统无法正常工作。

图 3-18 βi 伺服单元连接图

FANUC 公司的伺服驱动器本身可以根据自身的状态利用报警指示灯和报警状态显示数码管显示伺服驱动器的故障信息。αi 系列伺服驱动器与 βi 系列伺服驱动器的组成不同，因此其报警显示也有一定的区别。

1. αi 系列伺服驱动器的报警诊断

αi 系列伺服驱动器由电源模块、伺服模块、主轴模块等组成。当伺服驱动器发生故障时，对应的模块会有自身的报警指示灯或者报警状态数码管显示，在对伺服驱动器进行故障诊断时，需要根据报警灯的显示情况，对应查找故障。

（1）电源模块 FANUC αi 系列伺服驱动器采用的是模块式结构，主轴和伺服驱动共用电源模块。驱动器电源模块的正面安装有电源（PIL）、报警（ALM）两个状态指示灯和一个 7 段数码管，用来显示电源模块的工作状态或报警号。PIL 指示灯为电源模块的 DC 控制电源指示。模块正常工作时 PIL 指示灯亮，代表模块内部的 DC5V 电压正常；PIL 指示灯不亮，代表电源模块控制电源回路存在故障。当机床启动后，PIL 指示灯不亮，可能的原因如下：①电源模块插接器 CXIA 的 AC200V 控制电源未加入，或 CXIA 的连接错误、安装或插接不良；②电源模块内部的熔断器 F1、F2 熔断；③驱动器 DC24V 电源短路，此时应检查驱动器控制总线 CXA2A、CXA2B 及急停输入 CX4 的 DC24V 连接；④电源模块控制电路内部故障，或伺服、主轴模块的 DC24V 电源回路故障。

ALM 指示灯为电源模块报警指示，ALM 指示灯亮，代表电源模块存在故障，故障原因可以通过电源模块中的 7 段数码管显示。

（2）伺服模块

1）状态显示。αi 系列伺服驱动器的伺服模块安装有一个 7 段数码管，用于伺服模块的报警和工作状态显示。如果该 7 段数码管在伺服驱动模块通电后无任何显示，表明模块控制电源存在故障，可能的原因如下：①驱动器控制总线 CXA2A/CXA2B 连接错误或未连接，CXA2A/CXA2B 连接线断或插接不良；②伺服模块内部熔断器 F1 熔断；③伺服模块内部控制电路故障。

伺服模块数码管显示所代表的含义及常见的原因见表 3-3。

表 3-3　伺服模块数码管显示所代表的含义及常见的原因

数码管显示	含义	原因
—	伺服模块未准备好	电源模块的主电源未接通，或电源模块 CX4 上的急停输入触点断开
—（闪烁）	控制电源异常	1)电动机反馈连接错误或不良;2)控制总线不良;3)伺服模块或伺服电动机不良
0	伺服模块准备好	伺服模块处于正常工作状态,逆变管开放
1	风扇电动机报警	1)风扇电动机不良或风扇电动机连接不良;2)伺服模块不良
2	DC24V 电压过低	1)控制总线 CXA2A/CXA2B 连接不良;2)电源控制电压过低或 CX1A 连接、安装不良;3)伺服模块不良
5	直流母线电压过低	1)模块直流母线连接不良;2)主电源输入电压过低、断相或瞬间中断;3)伺服模块不良
6	伺服模块过热	1)风扇电动机不良、环境温度过高或模块污染导致散热不良;2)模块容量过小;3)长时间过载工作或加减速过于频繁;4)温度传感器或伺服模块不良
F	风扇电动机故障	1)驱动器风扇电动机不良;2)风扇电动机安装或连接不良
P	模块内部通信出错	1)控制总线 CXA2A/CXA2B 连接不良;2)伺服模块不良
7	直流母线过电流	伺服电动机不良、电枢对地短路或相间短路
b	L 轴电动机过电流	1)对应轴伺服电动机不良,电枢对地短路或相间短路;2)电枢连接相序错误;3)功率模块或控制板不良;4)电动机代码、伺服参数设定错误
C	M 轴电动机过电流	
d	N 轴电动机过电流	
8	L 轴 IPM 模块过热	1)对应轴伺服电动机不良,电枢对地短路或相间短路;2)电枢连接相序错误;3)功率模块或控制板不良;4)电动机过载、加减速过于频繁;5)环境温度过高或模块散热不良
9	M 轴 IPM 模块过热	
A	N 轴 IPM 模块过热	
U	FSSB 总线 COP10B 通信出错	FSSB 光缆 COP10B 连接不良 伺服模块、CNC 或上一模块光缆接口不良
L	FSSB 总线 COP10B 通信出错	FSSB 光缆 COP10A 连接不良 伺服模块、下一模块光缆接口不良

2）伺服调整界面诊断。当 CNC 发生伺服报警或驱动器故障时，除了利用以上模块状态显示进行故障诊断外，还可通过 CNC 的伺服调整界面进行故障诊断，方法如下。

① 按 MDI 面板的功能键［SYSTEM］选择系统显示模式。

② 按功能扩展软键，使 LCD 显示功能软键［伺服设定］（或［SV 设定］）。

③ 按功能软键［伺服设定］（或［SV 设定］），选择伺服调整和设定界面。

④ 按［伺服调整］（或［SV 调整］）功能软键，LCD 将显示图 3-19 所示的伺服调整界面。

图 3-19 伺服调整界面

注：电流（％）是以相对电流额定值的百分比表示电流值。

如图 3-19 所示，伺服调整界面分为伺服参数（参数）和监控信息（监视）显示两个区域。伺服参数区用于伺服功能位、位置环增益等重要伺服参数的设定和显示；监控信息区为伺服报警、实际位置环增益、位置误差、电流、速度等的监控显示。

FANUC 0i-MD 的伺服报警显示为 5 字节，每一个二进制位均代表不同的伺服故障。伺服调整界面的报警 1 ～报警 5 显示的含义和 CNC 诊断参数 DGN0200～ DGN0204 完全相同，两者一一对应，有关内容可见表 3-4。

表 3-4 CNC 诊断参数

诊断参数	位（bit）	代号	作用与意义
DGN0200	7	OVL	驱动器过载
	6	LV	驱动器输入电压过低
	5	OVC	驱动器过电流
	4	HCA	驱动器电流异常
	3	HVA	驱动器过电压
	2	DCA	驱动器放电回路故障
	1	FBA	编码器连接不良
	0	OFA	计数器溢出
DNG0201	7	ALD	电动机过热或编码器连接不良
	6	PCR	已检测到编码器零脉冲，手动回参考点允许
	5	EXP	分离型位置编码器不良
DGN0202	6	CSA	编码器硬件故障
	5	BLA	电池电压过低警示

（续）

诊断参数	位（bit）	代号	作用与意义
DGN0202	4	PHA	编码器技术信号不正确，编码器或反馈连接不良
	3	RCA	编码器速度反馈信号不良，零脉冲信号故障
	2	BZA	编码器电池电压为0
	1	CKA	编码器无信号输出
	0	SPH	编码器计数信号不良，编码器或反馈连接不良
DGN0203	7	DTE	编码器通信不良，无应答信号
	6	CRC	编码器通信不良，数据校验出错
	5	STB	编码器通信不良，停止位出错
	4	PRM	驱动器参数设定错误，见 DGN0352
DGN0204	6	OFS	驱动器电流 A-D 转换出错
	5	MCC	驱动器主接触器不能正常断开
	4	LDA	编码器光源不良
	3	PMS	编码器故障或反馈连接不良

2. βi 系列伺服驱动器的故障诊断

βi 系列伺服驱动器的故障诊断、处理方法与 αi 系列伺服驱动器的类似，简介如下。

（1）伺服驱动器　βiSV 系列伺服驱动器安装有电源（POWER）、报警（ALM）、总线通信（uNK）三个状态指示灯，ALM 指示灯亮代表驱动器存在故障，其常见原因见表3-5。

表 3-5　βiSV 系列伺服驱动器故障原因

序号	含义	原因
1	控制电源异常或连接错误	1）电动机连接错误或连接不良；2）伺服模块或伺服电动机损坏
2	驱动器过热	1）驱动器风扇电动机不良、风扇电动机连接不良；2）伺服控制板不良
3	DC24V 电压过低	1）CXA19A/CX19B 连接不良；2）外部 DC24V 输入电压过低；3）伺服控制板不良
4	直流母线电压过低或过高	1）电感器选择不当或连接不良；2）主电源输入电压过低、过高或断相；3）主电源输入瞬间中断；4）伺服控制板不良
5	驱动器输出或直流母线过电流	1）负载过重、传动系统不良或加减速过于频繁；2）电动机绕组局部短路或断相、相序错误；3）伺服参数设定和调整不当；4）机械传动系统不良；5）电动机动力线、反馈线连接不良
6	FSSB 通信出错	1）FSSB 光缆连接或接口电路不良；2）模块控制板不良或上级 FSSB 接口电路故障

伺服驱动器报警的原因，同样可通过 CNC 的诊断参数 DGN0385、DGN0200～0204 或伺服调整界面的 ALM1～ALM5 显示，有关内容参见本节中关于 αi 系列伺服驱动器的说明。

（2）主轴/伺服驱动器　βi 系列伺服/主轴集成驱动器 βiSVSP 的正面安装图如图 3-20 所示，包括 STATUS1、STATUS2 两个状态指示区。

STATUS1：主轴报警显示区，显示区安装有报警（ALM）、错误（ERR）两个指示灯和两个 7 段数码管，指示灯和数码管的作用、显示内容、故障原因均与 αi 系列伺服驱动器的

图 3-20 集成驱动器的正面安装图

主轴模块相同，可参见前述的说明。

STATUS2：伺服报警显示区，显示区安装有一个 7 段数码管，用于伺服报警显示。数码管的作用、显示内容、故障原因均与 αi 系列伺服驱动器的伺服模块相同，可参见前述的说明。

3.2.5 电动机引起的故障分析

一、交流伺服电动机

1. 交流伺服电动机的分类

依据电动机运行原理的不同，交流伺服电动机可分为永磁同步电动机、永磁无刷直流电动机、异步（或称感应）电动机和磁阻同步电动机。这些电动机具有相同的三相绕组的定子结构。

异步交流伺服电动机的转子电流由滑差电势产生，并与磁场相互作用产生转矩，其主要优点是无刷，结构坚固，造价低，免维护，对环境要求低，其主磁通由励磁电流产生，很容易实现弱磁控制，高转速可以达到 4~5 倍的额定转速；缺点是需要励磁电流，内功率因数低，效率较低，转子散热困难，要求较大的伺服驱动器容量，电动机的电磁关系复杂，要实现电动机的磁通与转矩的控制比较困难，电动机非线性参数的变化影响控制精度，必须进行参数在线辨识才能达到较好的控制效果。

永磁同步交流伺服电动机的气隙磁场由稀土永磁体产生，转矩控制由调节电枢的电流实现，对转矩的控制比异步电动机简单，并且能达到较高的控制精度；转子无铜损、铁损，效率高，内功率因数高，也具有无刷免维护的特点，体积和惯量小，快速性好；在控制上需要轴位置传感器，以便识别气隙磁场的位置；价格比异步电动机高。

无刷直流伺服电动机的结构与永磁同步伺服电动机相同，它借助较简单的位置传感器（如霍尔磁敏开关）的信号，控制电枢绕组的换向，控制最为简单；由于每个绕组的换向都需要一套功率开关电路，电枢绕组的数目通常只采用三相，相当于只有三个换向片的直流电动机，因此运行时电动机的脉动转矩大，造成了速度的脉动，需要采用速度闭环才能运行于较低转速。

磁阻同步交流伺服电动机的转子磁路具有不对称的磁阻特性，无永磁体或绕组，也不产生损耗；其气隙磁场由定子电流的励磁分量产生，电磁转矩由定子电流的转矩分量产生；内功率因数较低，要求较大的伺服驱动器容量，也具有无刷、免维护的特点，并克服了永磁同步电动机弱磁控制效果差的缺点，可实现弱磁控制，速度控制范围可达到 0.1～10000r/min，也兼有永磁同步电动机控制简单的优点，但需要轴位置传感器，价格比永磁同步电动机便宜，但体积较大些。

目前市场上的交流伺服电动机产品主要是永磁同步伺服电动机和无刷直流伺服电动机。

2. 交流伺服系统的组成

交流伺服系统主要由下列几个部分构成，如图 3-21 所示。

1）交流伺服电动机。分为永磁交流同步伺服电动机、永磁无刷直流伺服电动机、异步伺服电动机和磁阻式伺服电动机。

2）PWM 功率逆变器。分为功率晶体管逆变器、功率场效应管逆变器、IGBT 逆变器（包括智能型 IGBT 逆变器模块）等。

3）微处理器、控制器及逻辑门阵列。分为单片机、DSP（数字信号处理器）、DSP + CPU、多功能 DSP（如 TMS320F240）等。

4）位置传感器（含速度）。分为旋转变压器、磁性编码器、光电编码器等。

5）电源及能耗制动电路。

6）键盘及显示电路。

7）接口电路。包括模拟电压、数字 I/O 及串口通信电路。

8）故障检测、保护电路。

图 3-21 交流伺服系统的组成

3. 伺服电动机与伺服驱动器的连接

伺服电动机与伺服驱动器连接，伺服驱动器根据 CNC 输出的控制信号对其进行信号处理以及功率放大，驱动电动机运行。交流伺服电动机是通过定子输入端的电压以及频率对转速进行控制的，因此交流伺服电动机与伺服驱动器连接是将交流电动机的定子绕组输入电缆与伺服驱动器的输出口相连，同时为了测量电动机的转速等特征，需要将电动机传感器测量的反馈电动机转速或转矩等信息的反馈信号输入伺服驱动器，实现闭环反馈，以便于对电动机实现精确控制。伺服电动机与伺服驱动器的连接主要分为以下两个方面。

1）电枢连接。小功率模块的伺服电动机电枢连接采用插头 CZ2 连接，多轴模块的第 1、2、3 轴以 L、M、N 区分。连接器 CZ2L、CZ2M、CZ2N 的插脚 B1 对应 U、A1 对应 V、B2 对应 W、A2 对应 PE；从面板向底板的插头依次为 CZ2L、CZ2M、CZ2N，如图 3-22 所示。

2）反馈连接。L、M、N轴伺服电动机的内置编码器插接口为JF1、JF2、JF3。编码器连接与电动机规格有关，常用的αiS、αiF、αiSHV、αiFHV及βiS小功率电动机的连接如图3-22a所示；βiS大功率电动机的连接如图3-22b所示。

二、伺服电动机常见故障分析

FANUC驱动器配套的伺服、主轴电动机都属于交流电动机，原则上说，它无易损零件，可以长时间使用而无须维修，但是由于数控机床驱动电动机的安装环境通常较恶劣，易受到切削液、润滑油、铁屑等的侵入和飞溅；此外，电动机内置的编码器属于精密零件，在电动机受到撞击、碰撞等情况下容易损坏，因此，需要定期进行电动机的维护和检修。同时，当CNC出现伺服报警或主轴驱动报警时，无论这些报警是否与电动机直接相关，也应当对电动机进行检修，表3-6为电动机的一般故障及其检修方法。

图 3-22 伺服模块连接

表 3-6 电动机的一般故障及检修方法

序号	故障现象	故障定位	检修方法
1	机床运动时发出异常声响或出现较大的振动	基本检修	确认电动机安装正确、固定可靠,确认电动机轴与丝杠或主轴的轴线同轴,分离电动机与机械传动部件,如果异常声响与振动消失,进入第2项;否则进入第3项
2		机械传动系统故障	在松开制动器、脱开机械连接的情况下,检查电动机转子转动是否灵活,进行机械传动系统的检查与维修,更换轴承
3	风扇电动机有异常声响或振动	风扇电动机故障	风扇电动机有铁屑、油污等杂物,清除杂物,风叶与外壳有干涉、转子旋转不灵活,风扇电动机固定不牢靠,加强风扇电动机固定
4	电动机有异常声响或振动	电动机外部故障	检查电动机表面是否有铁屑、油污等杂物,切削液、润滑油是否进入电动机内部
		电动机绝缘层故障	用DC500V兆欧表测量绕组与外壳间的绝缘电阻,判断电动机绝缘性能。如果测试数值小于1MΩ,电动机损坏;测试数值在1~100MΩ范围内,电动机需要尽快维修;测量数值大于100MΩ,电动机绝缘层无故障
		驱动器故障	检查驱动器设定,重新调整驱动器

3.2.6 反馈检测环节引起的故障分析

一、反馈环节介绍

如果系统是全闭环系统，则该直线轴是以光栅直接检测坐标轴位置的闭环控制系统。为了直接监测坐标轴的位置，系统除了需要在半闭环的基础上增加光栅尺或编码器等外置检测设备外，还需要增加分离型检测单元。外置检测设备的反馈信号应该连接到分离型检测单元上，分离型检测单元通过 FSSB 总线与 CNC 连接。常用的检测设备包括以下 3 种。

1. 串行数据输出光栅尺和编码器

串行数据输出光栅尺和编码器本身带有细分电路与串行数据输出接口，光栅尺的分辨力一般可达 $0.05 \sim 0.5\mu m$，编码器的分辨力可达 $22 \sim 223p/r$，故可用于精密机床。

2. 正弦波模拟输出光栅尺

正弦波模拟输出光栅尺本身不带有细分电路和串行数据输出接口，光栅尺的输出信号为分辨力在 $20\mu m$/周期左右的正弦波模拟电压，故需要选配带模拟输入接口的分离型检测单元。

3. A/B/Z 三相并行脉冲输出的光栅尺或外置编码器

A/B/Z 三相并行脉冲输出的光栅尺或外置编码器为传统产品，其生产厂家较多，不再一一说明。FANUC 0iD 只需要选配并行输入接口分离型检测单元，便可直接连接。

二、反馈检测环节的故障检测

1. 绝对编码器报警

FANUC 0iD 的伺服报警 SV0300 ~ SV0307 为绝对编码器（APC）报警，其一般处理方法如下。

（1）SV0300 参考点位置错误。在使用绝对编码器的坐标轴上，当参考点建立后，如果电动机、驱动器上的编码器电缆插头被错误拔下，后备电池将会中断，导致参考点位置的丢失，从而出现 SV0300 报警。SV0300 报警可通过绝对编码器的回参考点操作解除。

如果在 SV0300 报警的同时，CNC 还发生了其他报警，使坐标轴无法进行绝对编码器回参考点操作，此时应通过设定 CNC 参数 PRM1815.5＝0，先取消绝对编码器功能，在排除其他报警后，再进行绝对编码器的回参考点操作。

在采用无减速挡块回参考点方式的机床上，为了不影响机床原有加工程序的正常执行，并确保原有的 CNC 参数、机床动作的正确，在回参考点后，必须重新调整参考点偏移，使新的参考点与原参考点的位置一致。

（2）SV0301 ~ SV0304 绝对编码器通信错误。出现绝对编码器通信出错报警的原因多为编码器反馈电缆连接不良，应重点检查驱动器和伺服电动机间的反馈电缆连接，按照要求使用双绞屏蔽线进行正确的屏蔽和接地、合理布置电缆等。如果确认编码器存在故障，则需要更换编码器。

（3）SV0305 ~ SV0307 绝对编码器位置错误。绝对编码器位置出错的原因多为后备电池电压不足、连接不良或反馈电缆被错误断开。出现报警时，应确认后备电池连接正确、电压正常，必要时需要更换绝对编码器的后备电池。故障排除后，还应该按照处理 SV0300 报警同样的方法，重新进行绝对编码器的回参考点操作、调整参考点偏移，使新的参考点与原参考点的位置一致。

2. 串行编码器报警

FANUC-0iD 的伺服报警 SV0360 ~ SV0387 为串行编码器报警，其一般处理方法如下。

（1）SV0360 ~ 0369 串行编码器通信错误。出现串行编码器通信出错报警的原因，除了编码器本身不良外，多为编码器反馈电缆连接不良，应仔细检查驱动器到伺服电动机反馈电缆的连接，并按要求使用双绞屏蔽线、进行正确的屏蔽和接地、合理布置电缆等。

（2）SV0380~0387 分离型检测单元通信错误。这种报警仅在使用分离型检测单元的全闭环系统上出现，发生报警时应首先确认光栅的型号、规格是否符合要求，CNC 的 FSSB 网络配置参数设定是否正确。如果光栅、编码器等检测装置本身故障的原因被排除，则应重点检查检测装置和分离型检测单元间的连接电缆，并按要求使用双绞屏蔽线、进行正确的屏蔽和接地、合理布置电缆等。此外，分离型检测单元和 CNC 间的 FSSB 光缆连接不良，也是导致分离型检测单元通信报警的常见原因。

3.3 项目实施

1. 故障定位

通过前面的分析可知，可以采用逐一排除的方法判断进给伺服驱动系统发生故障的位置，但是 FANUC 0i 数控系统是一个具有自身故障检测和报警功能的系统，通过前面的分析，也可以通过报警信号对数控系统的故障位置进行判断。

1）机床显示报警信号为"SV0401"，经查询，该信号为驱动器未准备好的报警信号。

伺服报警"SV0401"为驱动器未准备好的报警，当 CNC 位置控制系统正常，但驱动器输出到 CNC 驱动器的准备好信号 VRDY 为 0 时，CNC 将显示该报警。

2）通过 CNC 诊断参数 DGN0200 检查报警原因，DGN0200 第 6 位此时状态为 1，说明此时对应位表示的位置出现故障，通过查询 DGN0200 对应的位信息表，可知对应的故障是驱动器输入电压过低，由此可以判断出故障位置在伺服驱动器上。

3）检查伺服驱动器的报警状态指示灯及其模块状态指示灯。

① 首先观察模块指示灯，此时模块指示灯的电源（PIL）灯亮，因此电源模块工作正常，但是此时报警（ALM）灯也亮起，因此可以判断，此时驱动器内部的模块出现了故障。

② 观察模块状态指示灯，此时模块状态指示灯显示为 4，查询其所对应原因为：输入电压过低或主回路断相；输入电压瞬间中断或断路器断开、急停输入动作。结合故障发生前系统发生突然断电，可以判断出如果电动机继续旋转造成逆变器的直流母线电压升高击穿整流电路的二极管（晶闸管），则会造成电动机驱动器的输入主回路断相。

4）确定故障位置：驱动器的整流环节。

① 测试伺服驱动器中的晶闸管。按下述方法判断晶闸管是否损坏。使用万用表 R×1 档，黑表笔接阳极 A，红表笔接阴极 K。用黑表笔在保持和 A 极相接的情况下和 G 极接触，这样就给 G 极加上一个触发电压。这时通过万用表可以看到阻值明显变小，表明晶闸管可能由于触发而处于导通状态。接着，在保持黑表笔和 A 极相接、红表笔和 K 极相接的情况下，断开和 G 极的接触，如果晶闸管仍保持低阻导通状态，则说明晶闸管是好的；否则，一般是晶闸管已损坏。通过测试，判断出此时与电动机 A 相相连的晶闸管已损坏。

② 根据报警信息逐步分析，X 轴伺服驱动系统的伺服驱动器中与 A 相相连的晶闸管损坏，确定故障位置。

2. 故障维修

根据测试和分析流程图，确定故障位置在伺服驱动器的电源模块中，通过测试可以确定，是交流熔断器被烧毁导致 X 轴不能运行，因此可以处理故障。

1）给系统断电，更换交流熔断器的熔丝。

分析：根据伺服驱动器的工作原理分析，由于故障是在加工中心正常工作时突然停电造成的，而在突然停电时，主轴电动机的电感能量必然要立即释放，而释放能量产生的反向电动势太高，可能会造成能量回收回路损坏。根据原理图可以判断出，如果交流熔断器的熔丝损坏，势必因为晶闸管发生反向击穿，进而导致电流过大烧毁熔断器，因此判断伺服驱动器中的晶闸管损坏。

2）测试伺服驱动器中的晶闸管，并更换损坏的晶闸管。

具体操作：先判断晶闸管是否发生损坏，对损坏的晶闸管进行解焊，找到同样型号的晶闸管，更换晶闸管，重新焊入相应的位置中。

3）任务完成。

重新打开电源，启动系统，利用操作面板使 X 轴运动，X 轴可以根据指令正常运动，维修完成。

4）出具故障报告。

3.4 项目评估

项目结束后，请各小组针对故障维修过程中出现的各种问题进行讨论，罗列出现的失误，总结在今后的学习和操作过程中如何更好地发挥团队精神、如何提高水平及效率，并填写故障记录表及项目评估表，见附表 1 和附表 2。

3.5 项目拓展

伺服驱动系统报警是数控机床最常见的报警，其原因既有驱动器、电动机本身的问题，也可能为伺服参数设定或调整不当、切削加工过载、机械传动系统故障等。因此，出现伺服驱动系统报警时，需要根据故障现象，结合 CNC 显示、CNC 诊断参数和驱动器状态指示，仔细检查和分析原因，确定故障部位并进行相关处理。FANUC 0iD 常见的伺服驱动系统报警及一般处理方法如下。

3.5.1 SV0401 报警

伺服报警 SV0401 为驱动器未准备好报警，当 CNC 位置控制系统正常，但驱动器输出到 CNC 驱动器的准备好信号 VRDY 为 0 时，CNC 将显示该报警。驱动器准备好信号 VRDY 为 0 的原因很多，只要驱动器发生故障、主电源被断开，VRDY 信号都将变为 "0"。因此，当 CNC 出现 SV0401 报警时，应首先排除其他报警，然后再进行 SV0401 报警的处理。一般而言，如果驱动器本身无故障，当其他报警排除后，通过重启驱动器，SV0401 报警也将自动消除。

伺服驱动器的报警可通过 CNC 诊断参数 DGN0200 检查报警原因，DGN0200 对应位为 "1" 所代表的含义见表 3-7。

如驱动器无其他报警，原则上只要接通驱动器主电源，准备好信号 VRDY 即为 1，因而，如果驱动器只有 SV0401 报警，应进行的检查如下。

表 3-7 诊断参数 DGN0200 的含义表

诊断参数	位（bit）	代号	作用与意义
DGN 0200	7	OVL	驱动器过载
	6	LV	驱动器输入电压过低
	5	OVC	驱动器过电流
	4	HCA	驱动器电流异常
	3	HVA	驱动器过电压
	2	DCA	驱动器放电回路故障
	1	FBA	编码器连接不良
	0	OFA	计数器溢出

1）确认驱动器的主电源、控制电源的电压与连接正确。

2）确认驱动器电源模块的急停输入信号已解除。

3）确认驱动器的主电源已经接通，电源模块已正常工作。

4）确认驱动器电源模块、伺服模块无报警等。

驱动器未准备好的原因，还可通过 CNC 诊断参数 DGN0358 检查，DGN0358 对应位为"1"所代表的含义见表 3-8。

表 3-8 诊断参数 DGN0358 的含义表

诊断参数	位（bit）	代号	作用与意义
DGN0358（1字节）	14	SRDY	驱动器软件准备好信号
	13	VRDY	驱动器硬件准备好
	12	INTL	驱动器直流母线（DB）准备好
	10	CRDY	驱动器转换电路准备好
	6	*ESP	驱动器的 CX4 急停信号输入状态

以上检查均无误后，如故障仍然存在，则更换驱动器控制板或 CNC 的轴卡。

3.5.2 SV0404 报警

伺服报警 SV0404 为驱动器准备好信号 VRDY 不能按照要求正常断开的报警。例如，在驱动器主电源尚未接通或主接触器输出触点已断开的情况下，如果驱动器准备好信号 VRDY 仍然为"1"，CNC 将发生该报警。

SV0404 报警多与外部器件或外部电路故障有关，如主接触器触点发生熔焊而无法断开、驱动器主电源通断未使用驱动器主接触器控制信号控制等。

必须注意的是：设计数控机床电气控制系统时，需要保证驱动器的主电源接通只能在 CNC 位置控制正常工作后才能加入，否则，就可能导致驱动系统的位置环成为开环工作状态，从而导致坐标轴失控。因此，设计和维修机床电气控制系统时，必须将驱动器的主接触器控制信号串联到主接触器控制回路中，以避免发生 SV0404 报警。

若以上检查无误而故障仍然存在，则可能是驱动器控制板或 CNC 轴卡接口电路故障，需要更换控制板或 CNC 轴卡。

3.5.3 SV0410/SV0411 报警

伺服报警 SV0410 和 SV0411 为位置跟随误差超差报警，前者在坐标轴运动停止时发生，后者在坐标轴运动时发生。闭环控制系统的输出变化总是滞后于指令变化，故数控机床坐标轴的运动和 CNC 指令输出间必然存在位置跟随误差。位置跟随误差过大不但会影响系统的响应速度，而且会导致轮廓加工误差。因此，CNC 需要对其进行监控。

在 FANUC 0iD 上，CNC 参数 PRM1829 可设定坐标轴停止时所允许的最大位置跟随误差。当坐标轴处于静止状态或完成定位后，如果受到机械撞击、重力平衡系统故障等外力的作用，就可能导致停止位置偏离 CNC 指令位置而产生位置跟随误差。当坐标轴停止时，如果位置跟随误差超过参数 PRM1829 设定的监控值，CNC 将发生 SV0410 报警。

CNC 参数 PRM1828 可设定坐标轴移动时所允许的最大位置跟随误差。在坐标轴运动时，机械传动系统故障、制动器未松开、运动部件存在干涉、切削加工负载过大、加减速时间设定过短、驱动系统加减速转矩不足等情况，都可能导致坐标轴运动时的位置跟随误差超过参数 PRM1828 设定的监控值的情况，使 CNC 产生 SV0411 报警。

位置跟随误差超差报警是数控机床最常见的报警，它可能在 CNC 开机、手动移动坐标轴、坐标轴快速定位、切削加工等情况下发生，故障原因很多。此外，如果驱动器发生了反馈电缆连接故障、电动机相序连接错误、电枢连接断线、电动机绕组短路、驱动器不良、编码器不良等故障，CNC 也将发生 SV0410、SV0411 报警。因此，维修时应仔细分析故障原因，并进行相应处理。

阅读课堂

国之重器：机床

中国机床行业"大而不强"，迎来产业升级和结构调整。2019 年，中国在机床行业消费 223 亿美元，生产 194.2 亿美元，是世界第一机床生产和消费大国。但是国产机床品牌主要占据中低端市场，高档机床依赖进口，进口量占消费量的 32.69%。尤其是高档机床，我国每年的进口数量均在 1 万台以上。机床特别是高档机床是决定我国工业是否能够实现真正知识产权和供能自主化的关键技术。国家下发众多政策推动机床行业发展。在 2015 年工业和信息化部出台的《中国制造 2025》规划中明确提出"到 2025 年，高档数控机床与基础制造装备国内市场占有率超过 80%。高档数控机床与基础制造装备总体进入世界强国行列"。以哈尔滨工业大学、华中科技大学等科研机构领衔的科研工作者们正在向这个目标奋进。

项目4

进给轴无法完成自动回参考点

4.1 项目引入

4.1.1 故障现象

一台配备 FANUC 0i-MD 系统的机床出现故障，故障现象为：开机状态下，Y 轴方向回参考点时，无法回到准确位置，且屏幕出现超程报警。

4.1.2 故障调查

1）观察机床工作台上有减速开关，属于增量式回参考点方式。

2）手动状态下回参考点，发现在接近参考点位置时，Y 轴有减速过程，但减速后轴运动不停止，并出现 0090 报警。

4.1.3 维修前准备

1）技术手册：参数手册、维修手册、操作手册等。

2）测量工具：万用表、示波器等。

3）螺钉旋具等。

4.2 项目分析

4.2.1 机床回参考点概述

数控铣床（加工中心）参考点又称原点或零点，是机床的机械原点和电气原点相重合的点，是原点复归后机械上固定的点。每台机床可以有一个参考点，也可以根据需要设置多个参考点，用于自动刀具交换（ATC）或自动拖盘交换（APC）等。参考点作为工件坐标系的原始参照系，当机床参考点确定后，各工件坐标系随之建立。

机械原点是基本机械坐标系的基准点，机械零部件一旦装配完毕，机械原点随即确立。电气原点是由机床所使用的检测反馈元件所发出的栅格信号或零标志信号确立的参考点。为了使电气原点与机械原点重合，必须用一个原点偏移量参数来设置电气原点到机械原点的距离。这个重合的点就是机床参考点。在使用加工中心的过程中，机床手动或自动回参考点操作是经常进行的动作。不管机床检测反馈元件配用的是增量式脉冲编码器还是绝对式脉冲编码器，在某些情况下，如进行 ATC 或 APC 过程中，机床某一轴或全部轴都要先回参考点。

按机床检测元件检测原点信号方式的不同，返回机床参考点的方法有两种：一种为栅格法，另一种为磁开关法。在栅格法中，检测器随着电动机一转信号同时产生一个栅格或一个零位脉冲，在机械本体上安装一个减速撞块及一个减速开关后，数控系统检测到的第一个栅格或零位信号即为原点。在磁开关法中，在机械本体上安装磁铁及磁感应原点开关，当磁感应原点开关检测到原点信号后，伺服电动机立即停止，该停止点被认作原点。栅格法的特点是如果接近原点的速度小于某一固定值，则伺服电动机总是停止于同一点，也就是说，在进行回参考点操作后，机床原点的保持性好。磁开关法的特点是软件及硬件简单，但原点位置随着伺服电动机速度的变化而成比例地漂移，即原点不确定。目前，几乎所有的机床都采用栅格法回参考点。

使用栅格法回参考点的几种情形如下。

1）使用增量检测反馈元件的机床开机后第一次回机床参考点。

2）使用绝对式检测反馈元件的机床安装后调试时第一次机床开机回参考点。

3）栅格偏移量参数设置调整后，机床第一次手动回参考点。

按照检测元件测量方式的不同，回参考点的方法分为以绝对脉冲编码器方式回参考点和以增量脉冲编码器方式回参考点。在使用绝对脉冲编码器作为测量反馈元件的系统中，机床调试前第一次开机后，通过参数设置配合机床回参考点操作调整到合适的参考点后，只要绝对脉冲编码器的后备电池有效，此后的每次开机，不必进行回参考点操作。

4.2.2　FANUC 增量式回参考点过程及回参考点条件分析

所谓增量方式回参考点，就是采用增量式编码器，工作台快速接近，经减速挡块减速后低速寻找栅格作为机床参考点。栅格法回参考点时序图如图 4-1 所示。

图 4-1　栅格法回参考点时序图

机床在回参考点模式下，伺服电动机以大于某一固定速度的进给速度向参考点方向旋转，当数控系统检测到电动机一转信号时，数控系统内的参考计数器被清零。如果通过参数设置了栅格偏移量，则参考计数器内也自动被设定为和栅格偏移量相等的值。此后，参考计数器就成为一个环行计数器。当计数器对移动指令脉冲计数到参考计数器设定的值时被复位，随着一转信号的出现产生一个栅格。当减速挡块压下原点减速开关时，电动机减速到接近原点速度运行，挡块释放原点减速开关后，电动机在下一个栅格停止，产生一个回参考点完成标志信号，参考位置被复位。电源开启后第二次返回参考点，由于参考计数器已设置，栅格已建立，因此可以直接返回参考点位置。

由栅格法回参考点时序图可知，FANUC 系统若要实现回参考点，就必须满足下面几个条件。

1）回参考点（ZRN）方式有效——对应 PMC 地址 G43.7＝1，同时 G43.0（MD1）和 G43.2（MD4）同时＝1。

2）轴选择（+/−Jx）有效——对应 PMC 地址 G100～G102＝1。

3）减速开关触发（＊DECx）——对应 PMC 地址 X9.0～X9.3 或 G196.0～G196.3 从 1 到 0 再到 1。

4）电气栅格被读入，找到参考点。

5）参考点建立，CNC 向 PMC 发出完成信号 ZP4，内部地址 F094；ZRF1，内部地址 F120。

由栅格法回参考点时序图及回参考点的条件，可对不能回参考点故障进行定位，如图 4-2 所示。

增量式回参考点不能完成故障，可能有三种原因：①硬件故障，包含减速开关、编码器、伺服放大器等的故障；②PMC 故障，包含 PMC 程序、PMC 输入输出点等的故障；③参数设置故障。

图 4-2　故障结构示意图

4.2.3　硬件故障分析

1. 减速开关

由于减速开关在工作台下面，工作条件比较恶劣（油、水、铁屑侵蚀），严重时会引起 24V 电源短路，损伤接口板，从而导致故障时有发生。

1）减速开关进油或进水，信号失效，I/O 单元之前就没有信号。

2）减速开关正常，但 PMC 诊断界面没有反应。虽然信号已经输入到系统接口板，但 I/O 接口板或输入模块已经损坏。

作为维修技术人员，判断上述两种故障常用以下方法。

1）用万用表检测开关通断情况。

2）通过 PMC 诊断界面观察 *DECn（X9.0~X9.3 或 G196.0~G196.3）的变化。

2. 编码器

1）编码器本身故障是指编码器本身元器件出现故障，导致其不能产生和输出正确的波形。这种情况下需更换编码器或维修其内部元器件。

2）编码器连接电缆故障。这种故障出现的概率最高，维修中经常遇到，应是优先考虑的因素。造成该故障的原因通常为编码器电缆断路、短路或接触不良，这时需更换电缆或插头。还应特别注意是否是因电缆固定不紧而造成松动，引起开焊或断路，如果是，需紧固电缆。

3）编码器 5V 电源电压下降。这种故障是指 5V 电源电压过低。通常，5V 电源电压不能低于 4.75V。造成其过低的原因是供电电源故障或电源传送电缆阻值偏大而引起损耗，这时需检修电源或更换电缆。

4）绝对式编码器电池电压下降。这种故障通常有含义明确的报警，这时需更换电池，如果参考点位置记忆丢失，还须执行重回参考点操作。

5）编码器电缆屏蔽线未接或脱落。这会引入干扰信号，使波形不稳定，影响通信的准确性，因此必须保证屏蔽线焊接可靠及接地。

6）编码器安装松动。这种故障会影响位置控制精度，造成停止和移动中位置偏差量超差，甚至刚一开机即产生伺服系统过载报警，因此应特别注意。

7）一转信号故障。FANUC 数控系统在返回参考点时需要寻找真正的物理栅格——编码器的一转信号（图 4-3 中的 PCZ 信号）。

图 4-3　编码器的一转信号

一转信号是编码器产生的信号。编码器除产生反馈位移和速度的脉冲信号外，每转还产生一个基准信号，即一转信号。需要注意的是，栅格信号（GRID）并不是编码器直接发出的信号，而是数控系统在一转信号和软件共同作用下产生的信号。FANUC 系统在物理栅格的基础上再加上一定的偏移量——栅格偏移量（1850#参数中设定的量），形成最终的参考点，称为电气栅格。它在一定量的范围内（小于参考计数器容量设置范围）灵活地微调参考点的精确位置。在机床使用中，只要不改变脉冲编码器与丝杠间的相对位置或不移动参考点挡块调定的位置，栅格信号就会以很高的重复精度出现。

脉冲反馈有 PCA/*PCA、PCB/*PCB 及 PCZ/*PCZ。伺服轴在通常的运动时，位置环和速度环主要采集 PCA/*PCA、PCB/*PCB 以及格雷码信号，仅在寻找参考点时才采集 PCZ 信号。另外由于 PCZ 是窄脉冲，所以在同样的污染条件下，有时 PCA/*PCA、PCB/*PCB 可以正常工作，但是 PCZ 信号达不到门槛电压，或波形严重失真，故障可能出现在栅格信号不正常，而脉冲编码器其他信号正常，如图 4-4 所示。

a) 良好状态　　　　　　　b) 一转信号波形失真

图 4-4　一转信号失真图

3. 反馈电缆信号衰减

在一些大型机床中，反馈电缆经过坦克链到伺服放大器的长度过长，可能会造成信号衰减，导致一转信号不好。通常可将 5V 电源信号线脚与电缆中多余的备用线并联加粗，降低线间电阻，提高信号幅值。

4. 接口故障

接口电路损坏后，不能接收参考点开关信号或参考点脉冲信号，导致机床回参考点操作失败，直到碰到限位开关紧急停下。

本书以 βi SVSP 一体型伺服单元（SVSP）为例进行说明。图 4-5 所示为伺服单元图，图 4-6 所示为反馈接口，接口定义见表 4-1。

图 4-5　伺服单元

4.2.4　PMC 分析

一、回参考点的 PMC 状态

1）方式：G43（0，1，2，7）=（1，0，1，1），返回参考点（REF）方式。

2）运动方向：G100（0~7）分别控制 8 个轴返回参考点时的正向运动；G102（0~7）分别控制 8 个轴返回参考点时的负向运动。

注：运动方向与 P1006（5）的回参考点方向是两个概念。

3）减速开关：X9（0~7）分别代表 8 个轴的减速开关。

注：减速开关是"0"有效还是"1"有效，取决于 P3003（5）。

4）回参考点完成：F120（0~7）= 1 分别表示 8 个轴的参考点已经建立。

注：使用增量型反馈元件的轴，在不断电时保持为"1"，断电后为"0"；使用绝对型反馈元件的轴，断电后也保持为"1"。

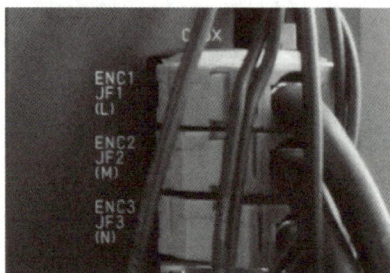
图 4-6 反馈接口

5）F94（0~7）= 1 分别表示 8 个轴返回参考点完成，且在参考点上。

注：当轴移动后，便为"0"。

表 4-1 接口定义

序号	接口	定义
1	JF1	L 轴脉冲编码器
2	JF2	M 轴脉冲编码器
3	JF3	N 轴脉冲编码器

二、回参考点减速开关状态点查看

1. 接近开关（图 4-7）

2. PMC 屏幕界面

1）按［SYSTEM］功能键，出现如图 4-8 所示界面。

图 4-7 接近开关

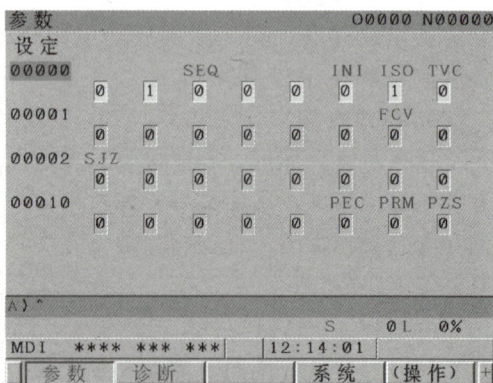
图 4-8 参数设定界面

2）按扩展软键三次，显示 PMC 界面，如图 4-9 所示。

3）在 PMC 界面基础上选择［PMCMNT］软键，显示界面如图 4-10 所示。

依照 2）的过程，通过 PMC 诊断界面观察 * DECn（X0009.0~X0009.3）的变化。

三、PMC 程序及其状态查看

1. 信号表

回参考点信号表见表 4-2。

图 4-9 PMC 界面   图 4-10 PMCMNT 界面

表 4-2 回参考点信号表

信号地址	信号名称	信号含义
F0094.0	ZP1	X 轴返回参考点结束信号
F0094.1	ZP2	Y 轴返回参考点结束信号
F0094.2	ZP3	Z 轴返回参考点结束信号
F0004.5	MREF	手动选择返回参考点确认信号
F0003.0	MINC	增量进给选择确认信号
F0003.1	MH	受控手轮进给选择确认信号
F0003.2	MJ	JOG 进给选择确认信号
G0043.7	ZRN	手动参考点返回选择信号
G0100.0	+J1	X 轴进给轴方向选择信号
G0100.1	+J2	Y 轴进给轴方向选择信号
G0100.2	+J3	Z 轴进给轴方向选择信号
G0102.0	−J1	−X 轴进给轴方向选择信号
G0102.1	−J2	−Y 轴进给轴方向选择信号
G0102.2	−J3	−Z 轴进给轴方向选择信号
X0009.4	* DEC1	X 轴参考点返回用减速信号
X0009.3	* DEC2	Y 轴参考点返回用减速信号
X0009.2	* DEC3	Z 轴参考点返回用减速信号

2. 梯形图

回参考点 PMC 梯形图如图 4-11 所示。

三轴任一回参考点减速信号压下后，R0203.0＝1，且使 R0203.1 产生一个扫描周期宽的脉冲，系统对手动回参考点信号确认后，R0203.7＝1。X 轴减速信号触发 1 轴（X 轴）回参考点触发信号 R0203.3，此时由 X0010.4 控制 G0100.0 控制 CNC 向伺服驱动器发出 X 轴正向移动指令，由 X0010.6 控制 G0102.0 控制 CNC 向伺服驱动器发出 X 轴负向移动指令。Y 轴减速信号触发 2 轴（Y 轴）回参考点触发信号 R0203.4，此时由 X0010.4 控制 G0100.1

控制 CNC 向伺服驱动器发出 Y 轴正向移动指令，由 X0010.6 控制 G0102.1 控制 CNC 向伺服驱动器发出 Y 轴负向移动指令。Z 轴减速信号触发 3 轴（Z 轴）回参考点触发信号 R0203.5，此时由 X0010.4 控制 G0100.2 控制 CNC 向伺服驱动器发出 Z 轴正向移动指令，由 X0010.6 控制 G0102.2 控制 CNC 向伺服驱动器发出 Z 轴负向移动指令。

当手动回参考点时，G0043.7=1，按下 [+X]、[+Y] 和 [+Z] 键时机床开始回参考点，移动速度以快速倍率波段开关的速度为准。

此时 X0010.4=1，且 G0100.0、G0100.1 和 G0100.2 发出信号，X、Y、Z 轴开始正向移动回参考点。当 X、Y、Z 轴回参考点减速行程开关碰到工作台的挡块（X0009.4、

图 4-11　回参考点 PMC 梯形图

102

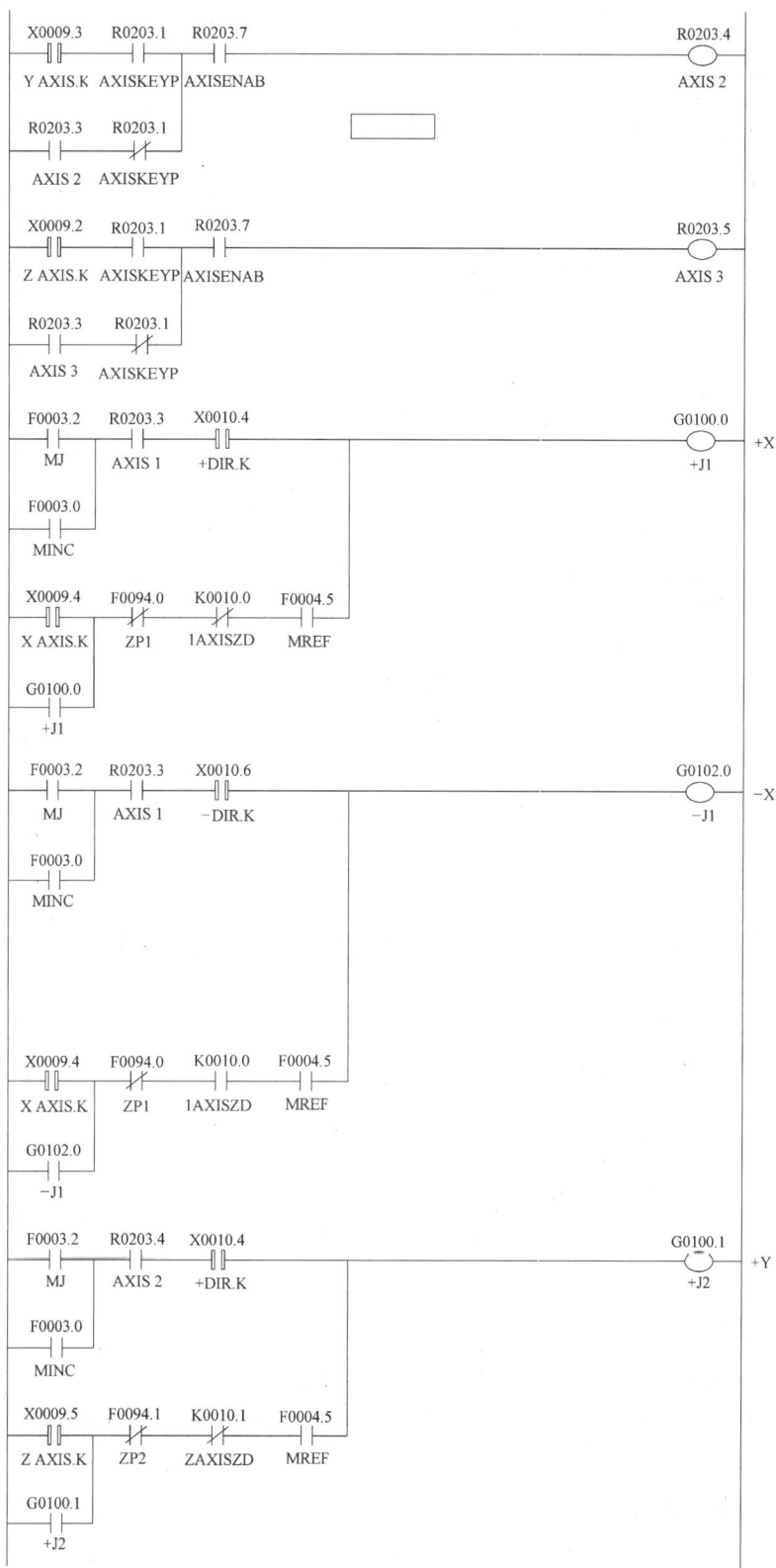

图 4-11　回参考点 PMC 梯形图（续）

图 4-11 回参考点 PMC 梯形图（续）

X0009.3、X0009.2 直接和 CNC 连接）动作时，伺服电动机等待相对编码器的一转脉冲信号，两轴开始减速移动以精确定位。X、Y、Z 轴回参考点减速行程开关复位时，G0100.0 = 0、G0100.1 = 0、G0100.2 = 0，当找到一转脉冲信号后 F0094.0、F0094.1、F0094.2 常闭触点断开，回参考点结束。

3. PMC 梯形图监控

1）参照查看 I/O 点的过程，如图 4-9、图 4-10 所示。

2）在图 4-9 所示界面，按［PMCLAD］软键，显示界面如图 4-12 所示。

图 4-12　梯形图界面

可以查看各信号点的导通情况及 PMC 的运行情况。

4.2.5　参数设置故障

一、参数设置过程

参数设置过程参见项目 1.5.3 的第二部分。

二、与回参考点有关的参数

（1）P1002（1）　该参数表示所有轴是否使用回参考点减速开关，是一个位型参数，如图 4-13 所示。

0：所有轴都使用；1：所有轴都不使用。

说明：当 P1002（1）＝0 时，若某个轴不使用回参考点减速开关，则由参数 P1005（1）设置。

（2）P1005（1）　该参数表示各个轴是否使用回参考点减速开关，是一个轴位型参数，如图 4-14 所示。

0：使用；1：不使用。

图 4-13　参数 1002 显示界面

图 4-14　参数 1005 显示界面

说明：当 P1002（1）= 0 时，P1005（1）才有效。

（3）P1006（5） 该参数用于确定回参考点方向，是一个位型参数，如图 4-15 所示。

0：正向；1：负向。

说明：回参考点方向和回参考点时的运动方向是两个概念。

（4）P1240 该参数表示各个轴第一参考点的坐标值，是一个轴双字型参数，单位：最小检测单位（我们的设备都是 0.001 mm），如图 4-16 所示。

图 4-15 参数 1006 显示界面

图 4-16 参数 1240 显示界面

解释：参考点在机床坐标系中的坐标值。即回参考点完成后，机床坐标系变为 P1240 设定的值。

（5）P1420 该参数表示各个轴的快速速度，是一个轴字型参数，单位：mm/min。

解释：执行 G00 命令，快速倍率为 100% 时的各轴运行速度，如图 4-17 所示。

（6）P1424 该参数表示各个轴回参考点的快速速度，是一个轴字型参数，单位：mm/min，如图 4-18 所示。

图 4-17 参数 1420 显示界面

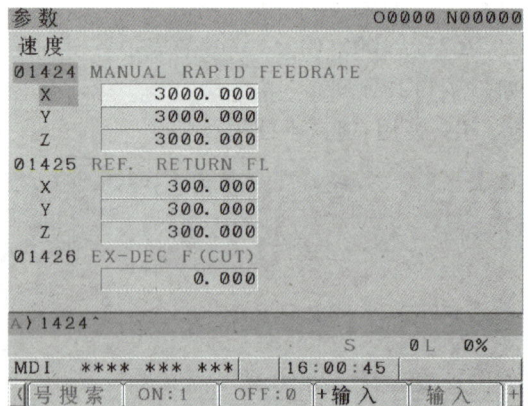

图 4-18 参数 1424 显示界面

解释：回参考点时压上减速开关前各轴的速度。若 P1424 = 0，即 P1420×快速倍率的速度。

（7）P1425 该参数表示所有轴回参考点的低速速度，是一个字型参数，单位：mm/

min，如图 4-19 所示。

解释：压上减速开关后轴运动降至此速度。

（8）P1815（1）　OPT 分别表示每个轴是否为全闭环系统，是一个轴位型参数，如图 4-20 所示。

0：半闭环；1：全闭环。

图 4-19　参数 1425 显示界面

图 4-20　参数 1815 显示界面

P1815（4）：APZ 分别表示每个绝对型编码器的轴是否已建立参考点，是一个轴位型参数。

0：已经建立参考点；1：尚未建立参考点。

P1815（5）：APC 分别表示每个轴是否为绝对型编码器，是一个轴位型参数。

0：增量型编码器；1：绝对型编码器。

（9）P1850　该参数表示各个轴的栅格偏移量，是一个轴双字型参数，单位：0.001mm，如图 4-21 所示。

解释：脱开减速开关找到第一个 MARK 点后，各轴再偏移的距离，用于调整各轴的参考点。

（10）P3003（5）　该参数表示减速开关有效状态，是一个位型参数，如图 4-22 所示。

用于参考点返回操作的减速信号（＊DEC1～＊DEC5）：

0：在信号为 0 下减速；1：在信号为 1 下减速。

图 4-21　参数 1850 显示界面

图 4-22　参数 3003 显示界面

（11）P1836　该参数视为可以进行返回参考点操作的伺服错误量，如图4-23所示。

在返回参考点过程中，松开用于减速的极限开关（减速信号 * DEC 恢复为 "1"）之前，在一次也没有达到所设定值的进给速度的情况下，将会发出（PS0090）"未完成回参考点"报警。

（12）P2000 #0　PLC0，如图4-24所示。

图4-23　参数1836显示界面

图4-24　参数2000显示界面

当参数PLC0（No.2000#0）为1时，按参数设定值的10倍的数值进行检测，故需要位置偏差量大于1280个脉冲当量。即返回参考点的速度大于1280个脉冲当量，这是因为返回速度低于1280个脉冲当量时，电动机一转信号散乱，不能进行正确的位置检测。

4.2.6　故障定位

根据维修手册可知，0090报警为未完成回参考点操作。

针对0090报警的故障分析过程如下。

1. 返回参考点时位置偏差量未超过128个脉冲当量

机床坐标轴以相当于位置偏差量（大于128的脉冲当量）的速度返回参考点时，伺服电动机回转大于1转（CNC收到了至少1转信号）。在参数"DGN0300"中存储的为位置偏差量，要求位置偏差量大于128个脉冲当量，是因为返回速度低于128个脉冲当量时，电动机一转信号散乱，不能进行正确的位置检测。

处理0090号报警的方法如图4-25所示。

2. 返回参考点时位置偏差量超过128个脉冲当量

根据多年维修经验，增量式回参考点方式出现故障主要因为栅格信号缺失，原因主要集中在硬件故障，具体如下：

1）编码器或光栅尺被污染，如进水、进油。

2）反馈信号线或光栅适配器受外部信号干扰。

3）反馈电缆信号衰减。

4）编码器或光栅尺接口电路故障、元器件老化。

5）伺服放大器接口电路故障。

故障排除方法如图4-26所示。

启动

在返回参考点过程中、或者返回参考点前的轴移动过程中，确认返回方向上位置误差量（诊断画面的300号的值）   位置误差值：DGN 0300

在128以上？ —— YES —→ ① 图4-26

NO

由于速度太慢，予以提速

确认进给速度指令
　PRM　1420　F：　快速移动速度　　　　　（mm/min）
　PRM　1424　　：　手动快速移动速度　　　（mm/min）
　PRM　1825　G：　伺服环路增益　　　　　（0.01s⁻¹）

位置误差量 = $\dfrac{F \times 5000/3}{G \times 检测单位(\mu m/PLUSE)}$

检测单位：针对指令脉冲的移动量

确认快速移动倍率信号
　ROV1　G014.0
　ROV2　G014.1
　PRM　1421　F0速度

ROV2	ROV1	倍率值
0	0	100%
0	1	50%
1	0	25%
1	1	F0速度

确认返回参考点用减速信号
＊DEC1～＊DEC5　X009.0～X009.4
　减速信号由"0"的状态开始返回动作时，进给速度成为FL速度
　PRM　1425　FL速度

图 4-25　处理 0090 号报警的方法

①

确认监控器是否在位置误差量128以上的状态下转动一圈（是否接收每转信号）

是否转动一圈？ —— NO —→ 过于靠近返回开始位置
　· 离开返回开始位置
　· 使机床在位置误差量在128以下的情况下朝着返回参考点方向转动一圈以上

YES

确认脉冲编码器的电压是否在4.75V以上
拆下伺服电动机的盖罩，在脉冲编码器印制电路板的＋和－或者＋5V和0V的检查岛(check land)测量脉冲编码器的电压

4.75V以上？ —— NO —→ 脉冲编码器的电源电压不足

YES

硬件不良

更换脉冲编码器或者电动机

图 4-26　故障排除方法

4.3 项目实施

1. 查看 DGN300

1）按 MDI 面板上的功能键 两次，或者在按下功能键 后，按下软键［诊断］，出现诊断界面，如图 4-27 所示。

2）输入需显示诊断号 300，按下软键［号搜索］，如图 4-28 所示，出现如图 4-29 所示界面。

现场观察 DGN300，X 轴偏差为"166"左右，大于"128"，按照图 4-26 所示流程进行诊断及故障排除。

图 4-27 诊断界面

图 4-28 搜索界面

2. 查看 X9.2～X9.4（*DECn 信号）

信号有效，说明减速开关信号传递正确。

3. 用万用表测电缆两端通断

用万用表测量电缆每个信号，判断通断。检测发现，电缆无问题。

4. 查看编码器电源信号

以 JF1 为例，电缆的相应引脚图如图 4-30 所示。

图 4-29 300 号诊断

图 4-30 编码器电缆引脚图

测试结果是电源接近 5V，无问题。

5. 更换脉冲编码器

打开后端盖，更换编码器，如图 4-31 和图 4-32 所示。

图 4-31　伺服电动机外观图

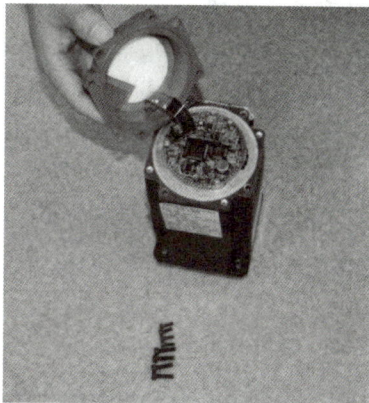

图 4-32　打开后盖图

更换脉冲编码器后，故障仍然存在。

6. 更换伺服放大器

1）将电源断开，拆下电缆。

2）找相同型号的伺服放大器，连接相应的电缆。

3）上电，运行相应故障轴。

故障排除，系统恢复正常，说明伺服放大器有问题，可能是接口问题。

4.4　项目评估

项目结束，请各小组针对故障维修过程中出现的各种问题进行讨论，罗列出现的失误，总结在今后的学习和操作过程中如何更好地发挥团队精神、如何提高水平及效率，并填写故障记录表及项目评估表，见附表 1 和附表 2。

4.5　项目拓展

4.5.1　故障现象

一台配备 FANUC 0i-MD 系统的机床出现故障，故障现象为：开机状态下，Y 轴方向回参考点时，无法回到准确位置，且屏幕出现"SV0410：停止时误差太大"报警。

4.5.2　故障调查

1）观察机床，无减速挡块。

2）分别在高速和慢速状态下回参考点，发现在接近参考点位置时，Y 轴无减速过程，且有较大的撞击声，并出现 300 号报警。

3）检查参数 1829 中的数据，并未改变。

4.5.3 故障分析

1. 回参考点原理

如图 4-33 所示，将方式选择开关打到手动（JOG）方式状态下，手动使轴移动电动机转一转以上，移动速度不得低于 300mm/min。只有这样，才能在脉冲编码器内检测到一个以上的一转信号。在手动方式下将轴移动到靠近机床参考点的位置，然后选择回参考点（ZRN）方式。当 ZRN 信号由 0 变成 1 时，系统开始寻找栅格信号。按进给轴方向选择信号 [+] 或 [−] 按钮后，机床移动到下一个栅格位置后停止，该点即为机床参考点。

图 4-33 无减速开关回参考点原理图

2. 有关的参数

P1002(1)= 1 或 P1005(1)= 1：无减速开关。

P1006(5)：确定回参考点方向。0：正向；1：负向。

P1425：回参考点低速速度。

P1850：栅格偏移量。即找到第一个 MARK 点后，伺服轴偏移的距离。

P1240：第一参考点的坐标值。返回参考点完成后，机床坐标系变为 P1240 设定的值。

3. 回参考点过程（以 X 轴回参考点为例）

在手动操作 JOG 方式下，使 X 轴移动一段距离，然后停止（注：运动方向与回参考点方向一致）。

更换为回参考点方式，CRT 上显示 REF。

再次操作时以 JOG 方式使 X 轴移动，机床便沿 X 轴回参考点方向 [P1006(5) 设定的方向] 运动，速度为回参考点低速 [P1245 设定值]。

找到反馈元件上的第一个 MARK（零信号）点后，再移动由 P1850 [X] 设定的栅格偏移量后停止，此点就是参考点。

无减速挡块正向回参考点过程如图 4-34 所示，无减速挡块负向回参考点过程如图 4-35 所示。

4. PMC 状态

1）方式：G43(0, 1, 2, 7)= (1, 0, 1, 1)；返回参考点（REF）方式。

图 4-34　无减速挡块正向回参考点过程

图 4-35　无减速挡块负向回参考点过程

2）运动方向：G100（0~7）分别控制 8 个轴返回参考点时的正向运动；G102（0~7）分别控制 8 个轴返回参考点时的负向运动。

3）回参考点完成：F120（0~7）= 1 分别表示 8 个轴的参考点已经建立；F94（0~7）= 1 分别表示返回参考点完成，且在参考点正确位置。

4.5.4　故障定位

一、针对"SV0410：停止时误差太大"报警号的分析

图 4-36 所示为 FANUC 伺服系统三环控制系统的结构框图，可以看出：在 NC 进行伺服控制的过程中，系统的移动指令经脉冲分配处理，由图 4-36 中的①进入误差寄存器，使误差寄存器的数值递增，通过伺服的速度回路以及电流回路，由伺服放大器驱动伺服电动机转动，使安装在电动机后面的增量式编码器发出数字脉冲，反馈到伺服放大器，通过 FSSB 光缆由图 4-36 中的②进入误差寄存器，使误差寄存器的数值递减，正常情况下误差寄存器里的数值始终保持在一定范围内，伺服停止时，误差寄存器的数值为 0。

移动指令或编码器反馈两者中有一个没有信号，就会造成误差寄存器的绝对值过大，在停止时如果误差寄存器里的绝对数值>参数 1829 里设定的数值，机床就会出现 SV0410 报警。误差寄存器的数值可以在 FANUC 系统的诊断 300 号看到。机床在停止的时候，垂直轴（V 轴）因为伺服放大器不良下滑，之后就出现 410V 轴报警。如图 4-37 所示，伺服参数设置界面中 V 轴误差寄存器的值为 -17894，其绝对值超过了参数 1829 的设定值。

图 4-36 FANUC 伺服系统三环控制系统的结构框图

SV0410 报警多数情况发生在反馈环节上。另外机械过载、全闭环振荡等都容易导致上述报警发生。现将典型情况归纳如下：

1）编码器损坏。

2）光栅尺脏或损坏。

3）光栅尺放大器故障。

4）反馈电缆损坏，断线、破皮等。

5）伺服放大器故障，包括驱动晶体管击穿、驱动电路故障、动力电缆断线虚接等。

6）伺服电动机损坏，包括电动机进油、进水，电动机匝间短路等。

7）机械过载，包括导轨严重缺油，导轨损伤、丝杠损坏、丝杠两端轴承损坏，联轴器松动或损坏。

图 4-37 1829 误差带示意图

从本质上来说，上述典型故障现象其实说明一个问题，即指令脉冲与反馈脉冲两者之一出现了问题。上面 1）~4）是由于反馈环节不良导致反馈信息不能准确传递到系统造成的；5）~7）反映的是虽然指令已经发出，但是在执行过程中出现了问题，有可能是在系统内部，也有可能是在伺服放大器上，还有可能是机械负载阻止了电动机正常转动。

二、对参数 1829 的分析

经查看手册，发现 1829 参数为每个轴设定停止时的位置偏差极限值。停止中位置偏差量超过停止时的位置偏差量极限值时，发出伺服报警（SV0410），操作瞬时停止（与紧急停止时相同）。而机床在停止时由于机械冲击，可能会造成机床数值和给定数值的差过大，超过参数 1829 中的数据，引起 SV0410 报警。

三、300 号报警分析

由于绝对位置信息依靠伺服放大器中的电池保护数据的，所以当下面几种情况发生时，参考点会丢失，并出现此报警。故障发生示意图如图 4-38 所示。

1）更换了编码器或伺服电动机。

2）更换了伺服放大器。

3）反馈电缆脱离伺服放大器或伺服电动机。

故障原因，也即 300 号报警的原因：①绝对位置编码器后备电池掉电；②更换了编码器或伺服电动机；③更换了伺服放大器；④反馈电缆脱离伺服放大器或伺服电动机。

从系统手册中可知，DS300 常伴随于其他报警号，现在是 SV0410 和 DS300 并

图 4-38　300 号报警发生示意图

存，要根据具体情况进行故障定位，根据以上测试及分析，可以初步得到可能是绝对位置丢失造成了该报警。

4.5.5　项目实施

按照无减速开关设置绝对位置数据的步骤操作，建立参考点。

1）首先在手动状态下，使用手轮慢慢地将 Y 轴移动至距离机床 0 点靠近 20mm 的位置，即机床坐标系显示为"Y-20"处。更改为 MDI 状态，按下［OFFSET/SETTING］键，将系统写入状态参数更改为"1"。

2）然后按下屏幕上的［SYSTEM］软键，检索 1815 号参数内容，将 Y 轴对应的 APCx 数值更改为"0"，发现系统要求重启才可以继续设置。重启后更改 APZx 数值为"0"，又重启系统，此时的参考点位置已经取消，系统默认 Y 轴方向无参考点。

3）再次启动系统后，更改 1815 号 Y 轴参数，将 APCx 和 APZx 分别设置为"1"，过程中分别需要重启系统。此时系统将记录当前坐标位置为 Y 轴的参考点，即在原机械坐标系"Y-20"的位置，然后使整个机床断电并重新启动，此时新的参考点位置已经重建。

考虑到机床的行程范围发生改变，因此应当更新系统关于行程范围的参数数值。按下屏幕上的［SYSTEM］软键，检索 1321 号参数，系统显示各个轴的存储行程限位 1 的负方向坐标值I，其 C 轴为"-502"，因为前面的坐标定为"Y-20"，因此此时的行程应更改为"-482"。更改后，使整个机床断电并重新启动。

4）完成参考点的重建后，使机床重新回参考点，发现机床故障排除，Y 轴方向可正常回参考点。

4.6　回参考点的其他故障

数控机床在回参考点过程中出现的故障主要有以下表现形式。

1）坐标轴在执行回参考点操作时，没有减速过程，直到碰到位置极限开关停机，从而造成回参考点操作失败。

该故障原因可能是该轴的减速开关失效，从而导致运行中位置检测元件发出的栅格信号或基准脉冲信号不起作用。这时需根据先机械后电气的维修原则，首先检查减速挡块是否松动，然后检查减速开关至系统的连接电路是否断路等。

2）观察到工作台回参考点过程中有减速，但以关断速度移动直到触及限位开关而停机，没有找到参考点，回参考点操作失败。

造成上述现象的原因可能是测量系统在减速开关恢复接通到机床碰到限位开关期间，没有捕捉到一转信号或基准信号。具体讲，有两种可能：一种是检测元件在回参考点操作中没有发出一转信号，或该脉冲在传输或处理中丢失，或测量系统发生了硬件故障，对该脉冲信号无识别或处理能力；另一种可能是传动误差等原因，使得一转信号刚错过，在等待下一个一转信号的过程中，坐标轴触及限位开关，所以只好停机。对第一种情况可用跟踪法对该信号的传输通道进行分段检查，看检测元件是否有一转信号发出，或信号在哪个环节丢失，从而采取相应对策。对第二情况，可试着适当调整限位开关或减速开关与参考点位置标记间的距离，即可消除故障。

3）机床在返回参考点过程中有减速，也有制动到零的过程，但停止位置常常与参考点正确位置前移或后移一个丝杠螺距（即相当于编码器一转的机床位移量的偏差）。

出现这种情况的原因是一转信号产生的时刻离减速信号从断到通处太近，加之传动误差，使得工作台在返回参考点过程中碰上减速开关时，测量系统所用的脉冲编码器上的一转信号刚错过，只能等待脉冲编码器再转一周后，测量系统才能找到一转信号，故出现上述故障。

阅读课堂

践行工匠精神

当前，中国正处于从"中国制造"向"中国智造"、从"中国速度"向"中国质量"、从"中国产品"向"中国品牌"转变的关键时期，尤其需要大力弘扬工匠精神。

工匠精神，在境界提升上要求执着专注，在践行过程上要求精益求精，在实践行动上要求一丝不苟，在目标追求上要求追求卓越。

"刻苦学习钻研，攻克难关，攀登技术高峰。"，50多年前，艾爱国在日记本中写下的这句话，正是一代代中国工匠对职业技能执着专注、极致追求的精神写照。

青年人应当把握住青春机遇期，把自己定位在做未来"工匠"上。

项目5

伺服轴移动误差过大

5.1 项目引入

5.1.1 故障现象

某企业一台配备 FANUC 0i-MD 系统（全闭环系统）的机床出现故障，故障现象为：加工零件过程中 X 轴伺服进给轴突然出现伺服移动误差过大报警，X 轴停止运行，屏幕出现"SV0411：运动时误差太大"报警。

5.1.2 故障调查

1）机床低速时可以正常运行，高速时出现伺服移动误差过大报警。
2）观察位置偏差，发现低速时随机床运动而变化，高速时来不及变化即发生 SV0411 报警。

5.1.3 维修前准备

1）技术手册：参数手册、维修手册、操作手册等。
2）测量工具：万用表，示波器等。
3）螺钉旋具等。

5.2 项目分析

5.2.1 伺服系统的反馈和控制方式

1. 伺服系统的控制方式

按控制系统有无反馈环节把伺服控制方式分为以下三种。

（1）开环伺服系统　没有反馈环节的控制方式称为开环控制，采用开环控制的进给驱动系统，则称为开环伺服系统。典型的开环伺服系统以步进电动机为驱动元件，系统简单，调试维修方便，工作稳定，成本较低。在开环伺服系统中，数控装置输出的脉冲，经过步进驱动器的环形分配器或脉冲分配软件的处理，在驱动电路中进行功率放大后控制步进电动机，最终控制步进电动机的角位移，步进电动机再经过减速装置（一般为同步带或直接连接）

带动丝杠旋转，通过丝杠将角位移转变为移动部件的直线位移。因此，控制步进电动机的转动角度，就可以间接控制移动部件的移动，俗称位移量。其控制流程图如图5-1所示。

图 5-1 开环伺服系统的控制流程图

采用开环伺服系统的数控机床结构简单，制造成本较低，但是由于系统对移动部件的实际位移量不进行检测，因此无法通过反馈自动进行误差检测和校正。另外，步进电动机的步距角误差、齿轮与丝杠等部件的传动误差，最终都将影响被加工零件的精度。特别是在负载转矩超过输出转矩时，将导致"丢步"，使加工出错。因此，开环控制仅适用于加工精度要求不高，负载较轻且变化不大的简易、经济型数控机床。

（2）半闭环伺服系统 具有反馈环节，即把机床运动部件的转角作为反馈量的系统称为半闭环伺服控制系统，其控制流程如图5-2所示。测量转角的传感器常采用旋转脉冲编码器，可以安装在工作台丝杠的端部；有的伺服电动机本身配有内置编码器，如 FANUC αi 系列伺服电动机配有内置高分辨率编码器，该编码器输出可以反馈的信息，包括电动机的转动位置、速度及格雷码，数据以串行方式输出到伺服模块及 CNC 系统中。

图 5-2 半闭环伺服系统的控制流程图

半闭环伺服系统调试方便，稳定性好，精度较高，成本也比较低，数控机床多采用此控制方式。由于半闭环伺服系统的反馈信号中不包括被监测轴之后的传动链误差，如滚珠丝杠及丝杠轴承误差等，所以系统不能控制这部分误差，从而影响了系统的精度。

（3）全闭环伺服系统 当半闭环伺服系统不能满足机床控制精度时，需要采用反馈直线运动误差的反馈装置。测量直线运动误差的传感器有光栅尺、磁尺、球栅尺等，如图5-3所示，在 FANUC 数控系统中称其为分离型检测反馈装置。

a) 直线光栅尺　　　　　　　　　　　　　　b) 直线球栅尺

图 5-3 直线反馈测量传感器

全闭环伺服系统以工作台的直线运动位移量作为反馈量，装有位置控制模块，其控制流程如图 5-4 所示。全闭环伺服系统的速度反馈信号是来自伺服电动机的内装编码器信号，而位置反馈信号来自直线测量元件，如直线光栅尺。光栅尺一般安装在机床移动工作台上。全闭环伺服系统可以监控到机床工作台或刀具的最终运动精度，所以精密加工机床、大型龙门铣床、数控镗铣床等常采用全闭环伺服系统。

图 5-4 全闭环伺服系统的控制流程图

2. 全闭环伺服系统的控制

（1）全闭环系统控制原理 位置闭环控制系统是利用误差进行控制的自动调节系统，其系统结构框图如图 5-4 所示。

图 5-5 位置闭环控制系统结构框图

利用伺服电动机内置编码器作为位置检测元件的半闭环伺服系统，虽然实际系统的位置检测信号为电动机转角 θ，但是由于电动机、丝杠和工作台为刚性连接，对于丝杠螺距为 h、减速比为 i 的传动系统，其坐标轴位置 p 和电动机转角 θ 间有 $p = \theta h/(2\pi i)$ 的线性关系，因此，可以等效为图 5-5 所示的结构框图。

在图 5-5 所示的位置闭环控制系统中，CNC 指令位置与机床实际位置通过比较器的比较，产生位置跟随误差 e_s，这一误差经伺服驱动器的放大，通过电动机控制坐标轴的进给速度 v，进给速度的时间积分值（传递函数 $1/s$），就是坐标轴的位置输出 p。

坐标轴的运动速度与位置跟随误差 e_s 之比，称为位置环增益，又称速度增益或伺服增益。当系统的位置环增益 K_v 固定时，位置跟随误差越大，进给速度也就越大；或者说，运动速度越大，所产生的位置跟随误差就越大。如果位置给定为 0，实际位置和给定位置之间的跟随误差将通过位置调节器的作用，使之趋近于 0，从而使坐标轴停止运动。

（2）全闭环伺服系统的动态响应及闭环 PID 控制原理 任意一个系统在典型输入信号的作用下，控制系统的时间响应都由动态过程和稳态过程两部分组成。

1）动态过程。动态过程又称为过渡过程或瞬态过程，指系统在典型输入信号作用下，系统输出量从初始状态到最终状态的响应过程。由于实际控制系统的惯性、摩擦以及其他一些原因，系统输出量不可能完全复现输入量的变化。根据系统结构和参数选择情况，动态过程表现为衰减、发散或等幅振荡形式。显然，一个可以实际运行的控制系统，其动态过程必须是衰减的，换句话说，系统必须是稳定的。动态过程除提供系统稳定性的信息外，还提供响应速度及阻尼情况等信息。这些信息用动态性能描述，一般用系统在阶跃函数作用下的动态响应过程随时间 t 的变化状况描述。

如图 5-6 所示，描述系统动态性能的指标有：延迟时间 t_d，指响应曲线第一次达到其终值一般所需的时间；上升时间 t_r，指响应从终值的 10% 上升到终值的 90% 所需的时间，上升时间是系统响应速度的一种度量，上升时间越短，响应速度越快；峰值时间 t_p，指响应超过其终值到达第一个峰值所需的时间；调节时间 t_s，指响应到达并保持为终值的

图 5-6　单位阶跃响应曲线

-5%～5% 所需的最短时间；超调量 M_p，指响应的最大偏离量与终值的差与终值比的百分数。这五个动态性能指标，基本上可以体现系统动态过程的特征。

2）稳态过程。FANUC 伺服系统中一般采用 PID 控制算法实现闭环控制。PID 控制是最早发展起来的控制策略之一，其算法简单，鲁棒性好且可靠性高，被广泛用于过程控制和运动控制中。PID 是指比例（proportional）、积分（integral）、微分（derivative），这三项构成了 PID 的基本要素。三项中的每一项完成不同的任务，对系统功能产生不同的影响：增大比例系数可以加快系统的响应，在有静差的情况下有利于减小静差，但过大的比例系数会产生较大的超调，并产生振荡，使稳定性变坏；增大积分项有利于减小超调，使系统更加稳定，但系统静差的消除将随之减慢；增大微分时间有利于加快系统的响应，使超调量减小，稳定性增加，但系统对扰动的抑制能力减弱，对扰动有较敏感的响应。

图 5-7 所示为一个基本的 PID 控制器的方框图，预定位置信号减去被控设备的反馈信号产生误差，这一误差信号被送入比例环节、积分环节和微分环节，三项产生的结果相加后被送入驱动设备。

图 5-7　PID 控制器的方框图

（3）基本参数与说明　全闭环位置控制所涉及的几个重要参数及其含义如下：

1）位置跟随误差 e_s。CNC指令位置与机床实际位置之间的差值称为位置跟随误差。位置跟随误差越小，机床的响应速度越快，实际加工轨迹就越接近于理论轨迹，轮廓加工误差也就越小。

2）位置环增益 K_v。坐标轴运动速度与位置跟随误差 e_s 之比称为位置环增益。位置环增益越大，同样的进给速度所对应的位置跟随误差越小，系统的跟随性能也就越好。位置环增益的提高受到机械传动系统刚性、伺服电动机转矩等多方面因素的制约，对于大中型机床，通常可设定为 15～20（1/s）；小型高速加工机床可达到 30～50（1/s）。

3）最大允许位置跟随误差 e_{sma}。最大允许位置跟随误差是指坐标轴在快速进给及加减速时，所允许的最大位置跟随误差，故又称轴运动时的最大允许误差。如果位置跟随误差超过这一差值，CNC将发出位置跟随误差超差报警，并停止坐标轴运动。

在通常情况下，坐标轴的最大允许位置跟随误差参数可设定为快进时所产生的实际跟随误差的1.5倍左右，以确保正常工作时不会产生位置跟随误差超差报警。

4）轴停止时最大允许位置跟随误差。当坐标轴定位完成后，进给系统将处于闭环位置调节状态，这时，如坐标轴存在诸如回转轴夹紧等的外力作用，将导致坐标轴偏离定位位置而产生位置跟随误差。如果坐标轴在停止状态下产生的位置偏移超过了轴停止时最大允许位置跟随误差值，CNC也将发出位置跟随误差超差报警。在通常情况下，轴停止时的最大允许位置跟随误差可设定为坐标轴定位精度的10～20倍，以避免坐标轴在受到少量外力作用时频繁报警。FANUC0iD与此类似的CNC参数还有伺服关断时的最大允许位置跟随误差，这一误差是指坐标轴的闭环位置控制被断开，但位置检测处于正常工作的情况下，对位置跟随误差超差的监控值。

5）到位允差。到位允差是CNC在执行运动指令时，用来判别指令是否执行完成的位置跟随误差。如果实际位置跟随误差小于到位允差，可认为当前的运动指令已经执行完成，CNC可继续执行下一指令或其他动作，否则，CNC将进入位置闭环调节的等待过程，直到指定位置到达。

（4）测量系统匹配参数　闭环位置控制系统能够进行正确的误差比较、位置调节的前提：指令脉冲和反馈脉冲的单位必须一致，即任一移动量所对应的CNC输出指令脉冲数与测量系统反馈的脉冲数必须相等，这样才能保证实际位置和指令位置的统一。

但是，由于坐标轴的机械传动系统结构不同，不同坐标轴的伺服电动机每转所产生的移动量可能不统一。例如，当电动机内置编码器的每转输出脉冲数为1000000p/r、电动机每转运动量为10mm时，其反馈脉冲的单位实际上只有 $0.01\mu m$，但是CNC所产生的指令脉冲单位一般只能达到 $0.5～1\mu m$，故需要进行位置测量系统的匹配。一般而言，CNC需要通过以下参数来匹配位置测量系统。

1）最小移动单位。根据CNC工作原理，为了控制刀具运动轨迹，CNC必须将坐标轴的移动量微分为单位脉冲进给，这一单位脉冲所产生的实际移动量就是CNC能够控制的最小运动量，故称最小移动单位或脉冲当量。

2）CMR、DMR与参考计数器容量。CMR、DMR与参考计数器容量的含义如图5-8所示。

CMR：指令倍乘比。这是为了测量系统匹配所设定的CNC指令脉冲倍乘系数，它可以将一个 CNC 输出的 1 个指令脉冲细分为多个脉冲，或者将多个指令脉冲转换为 1 个指令脉冲。但是，由于这一设定将影响插补轨迹，固通常将其设定为 1。

图 5-8　CMR、DMR 与参考计数器容量的含义

DMR：检测倍乘比。同样是为了测量系统匹配所设定的反馈脉冲倍乘系数，它可将 1 个反馈脉冲细分为多个反馈脉冲，或者将多个反馈脉冲转换为 1 个反馈脉冲。

参考计数器容量：测量系统两个参考点标记（如编码器零脉冲、光栅尺零标记）间的距离。通过参考计数器容量，CNC 可以判断检测装置的零脉冲信号是否正常，或者通过对每转误差的清零，防止误差无限制积累。对于使用电动机内置编码器的半闭环伺服系统，编码器的零脉冲为每转 1 个，因此电动机每转移动量就是参考计数器容量。

设计测量系统的匹配原则一般是：环位置控制测量系统的匹配原则是任一移动量所对应的 CNC 指令脉冲数与反馈脉冲数必须相等，因此，CMR、DRM 的设定原则为

$$CMR×电动机每转移动量/最小移动单位=DMR×电动机每转反馈脉冲数 \qquad (5-1)$$

对于采用光栅的全闭环系统，同样可以根据光栅尺的检测精度，折算出电动机每转反馈脉冲数，然后按照这一要求进行计算。对于采用 $\alpha i/\beta i$ 系列电动机驱动的 FANUC 0i-D 半闭环伺服系统，由于伺服电动机内置编码器的输出可通过 CNC 自动折算为 1000000p/r 的标准值（与编码器精度无关），因此其 DMR 值必然很小，依靠传统的位参数 PRM1816.4 ~ PRM1816.6（DM1~DM3）设定 DMR 的方法已无法满足测量系统的匹配要求。为此，需要通过参数 PRM2084（柔性齿轮比分子）、PRM2085（柔性齿轮比分母）的柔性齿轮比设定来匹配测量系统。柔性齿轮比参数与 DMR 的关系为 DMR＝N/M。因此，当编码器输出脉冲自动折算为 1000000p/r 时，由式（5-1），有

$$\frac{N}{M}=\frac{CMR×电动机每转移动量}{1000000×最小移动单位} \qquad (5-2)$$

这就是 FANUC 0i-D 常用的柔性齿轮比参数计算式。

如分析故障现象，机床在运行过程中突然出现移动误差过大报警，经过手动调试后，电动机可以正常返回参考点，到达前次报警的坐标位置时，机床再次发出报警信息。由于机床可以正常运行，因此可以判断此时电动机、伺服驱动器以及机械结构等构成伺服驱动系统的硬件部分没有发生故障，故所有硬件部分的连接及供电设备等均没有发生损坏，可以正常工作。但是根据故障现象以及全闭环伺服系统的结构框图（图 5-9）可以分析出，当出现移动误差过大报警时，应该从全闭环伺服系统的结构框图中分析故障位置，通过分析可以判断

图 5-9　全闭环伺服系统的结构框图

出，以下几个部分出现故障时，可能会引起伺服驱动系统的误差过大报警。

1）机械结构精度下降。

2）机床的伺服放大器或电动机等不良。

3）CNC控制单元伺服驱动系统的参数设定不当。

4）反馈环节出现故障。

5.2.2 机械结构引起的故障分析

一、进给传动机构故障的测试

通过项目3中对进给传动机构的学习可知，进给传动系统主要由滚珠丝杠螺母副、导轨运动副以及联轴器组成。如果滚珠丝杠螺母副中的丝杠出现断齿、导轨运动副出现了刮伤等，都会造成移动误差过大报警。当直线轴出现移动误差过大报警时，首先要测量该直线轴的精度。

1. 定位精度和重复定位精度的确定

根据国家标准GB/T 17421.2—2023中的评定方法，可以对机床某一直线轴的定位精度和重复定位精度进行评估，以确定机床的进给传动机构是否由于安装、保养不当等原因造成了精度损失。根据国家标准规定：

目标位置 P_i 是指运动部件编程要达到的位置，其下标 i 表示沿轴线选择的目标位置中的特定位置。

实际位置 P_{ij} 是指作用点第 j 次向第 i 个目标位置趋近时实际测得的到达位置。

位置偏差 X_{ij} 是指作用点到达的实际位置减去目标位置之差，即有 $X_{ij}=P_{ij}-P_i$。

某一位置的平均定位偏差是指运动部件由 n 次趋近某一位置 P_j 所得的定位偏差的算术平均值，其计算公式为

$$\overline{x_i} = \frac{1}{n}\sum_{j=1}^{n} x_{ij} \tag{5-3}$$

对某一位置 P_i 的 n 次单向趋近所获得的定位偏差标准不确定度的估算公式为

$$S_i = \sqrt{\frac{1}{n-1}\sum_{j=1}^{n}\left(x_{ij}-\overline{x_i}\right)^2} \tag{5-4}$$

此公式用于评价测量的质量。

定位精度 A 是指在测量行程范围内（运动轴）测2点，进行一次往返目标点检测（双向）。测试后，计算出每一点的目标值与实际值之差，取最大位置偏差与最小位置偏差之差除以2，再加正负号作为该轴的定位精度，计算公式为

$$A = \pm\frac{1}{2}\left\{\max\left[\left(\max.x_j\uparrow-\min.x_j\uparrow\right),\left(\max.x_j\downarrow-\min.x_j\downarrow\right)\right]\right\} \tag{5-5}$$

其中，↑表示测量时按照正向运动测量，↓表示测量时按照负向运动测量。

重复定位精度 R 表示在测量行程范围内任取左、中、右三点，在每一点重复测试2次，取每点最大值与最小值之差除以2，就是重复定位精度，计算公式为

$$R = \frac{1}{2}\left[\max.\left(\max.x_i-\min.x_i\right)\right] \tag{5-6}$$

2. 定位精度测量工具和方法

定位精度和重复定位精度可以用激光干涉仪、线纹尺、步距规等进行测量，按照说明手册以及定位精度的公式可以实现测量。无论采用哪种测量仪器，其在全行程上的测量点数不应少于5点，测量检具按式（5-7）进行计算

$$P_i = iP + k \tag{5-7}$$

其中，P 为测量检具；k 在各目标位置取不同的值，以获得全测量行程上各目标位置的不均匀间隔，从而保证周期误差被充分采样。

二、进给传动机构的故障检测方法

进给传动机构是由不同环节的机械结构组成的，只有通过正确的安装、保养，才能保证其精度。

目前，数控机床进给系统中常用的机械传动装置有滚珠丝杠螺母副、导轨滑块副、直线电动机等。数控机床进给系统中的机械传动装置和元件具有高寿命、高刚度、无间隙、高灵敏度和低摩擦阻力等特点。

1. 滚珠丝杠螺母副

滚珠丝杠螺母副是在丝杠和螺母之间以滚珠为滚动体的螺旋传动元件。滚珠丝杠螺母副有多种结构形式，按滚珠循环方式分为外循环式和内循环式。

（1）滚珠丝杠螺母副的安装　安装方式对滚珠丝杠螺母副承载能力、刚性及最高转速有很大影响。滚珠丝杠螺母副在安装时应满足以下要求。

1）滚珠丝杠螺母副相对工作台不能有轴向窜动。

2）螺母座孔中心应与丝杠安装轴线同心。

3）滚珠丝杠螺母副中心线应平行于相应的导轨。

4）能方便地进行间隙调整、预紧和预拉伸。

只有满足这些要求，才能保证滚珠丝杠螺母副在全行程范围内可以正常运行，不会出现定位误差、移动误差。如果上面这些要求没有满足，将会造成对应伺服进给轴的误差。

（2）滚珠丝杠螺母副的预紧　滚珠丝杠螺母副预紧的目的是消除丝杠与螺母之间的间隙和施加预紧力，以保证滚珠丝杠反向传动精度和轴向刚度。

在数控机床进给系统中使用的滚珠丝杠螺母副的预紧方法有修磨垫片厚度、双螺母结构消隙、齿差式调整方法等，广泛采用的是双螺母结构消隙。

作为高精度进给驱动机构，为了保证反向传动精度和轴向刚度，必须消除轴向间隙。双螺母滚珠丝杠副消除间隙的方法是，利用两个螺母的相对轴向位移，使两个螺母中的滚珠分别贴紧在螺旋滚道的两个相反的侧面上，如图5-10所示。

图 5-10　双螺母结构调整预紧力

常用的双螺母丝杠间隙的调整方法有以下三种。

1）垫片调隙式结构。如图5-11所示，原理是通过增加垫片厚度，使两个螺母在相对的方向上产生轴向力，克服间隙，增加预紧力。

2）螺母调隙式结构。如图5-12所示，原理同上，只是调整的手段不是垫片，而是两个

锁紧螺母。

图 5-11 垫片调隙式结构

图 5-12 螺母调隙式结构

3）齿差调隙式结构。如图 5-13 所示，原理是在两个螺母的凸缘上各制有圆柱外齿轮，分别与固紧在套筒两端的内齿圈相啮合，其齿数分别为 z_1、z_2，并相差一个齿。调整时，先取下内齿圈，让两个螺母相对于套筒同方向都转动一个齿，然后再插入内齿圈，则两个螺母便产生相对角位移，其轴向位移量为

图 5-13 齿差调隙式结构

$$s = \left(\frac{1}{z_1} - \frac{1}{z_2} \right) P_h$$

其中，z_1、z_2 为齿轮的齿数，P_h 为滚珠丝杠的导程。

只有通过正确的预紧调节才能消除滚珠丝杠螺母副的移动误差。当确定误差是预紧松动造成的时，需要重新调整丝杠间隙。一般预紧调节不当造成的误差多出现在正向、负向运行时，当某伺服进给轴从正向运动变为负向运动时出现移动误差过大报警时，误差一般是间隙调整不当引起的。

2. 双螺母丝杠间隙调整步骤

丝杠间隙调整步骤。首先判断丝杠间隙：如果丝杠无间隙，有一定的预紧力时，转动螺母时会感觉到有一定的阻力，似乎有些"阻尼"，并且全行程均如此，说明丝杠没有间隙，不需要调整；相反，如果丝杠和螺母之间是很松的配合，则说明丝杠螺母之间存在间隙，需要调整。

步骤 1：将螺母上的键式定位销固定螺钉松开，取下定位销。注意：螺母上相隔 180° 有两个键式定位销，均需要拆卸下来。

步骤 2：使已经分离的前、后螺母反方向旋转，将其完全松开，取下两个半月板，如图 5-14 所示。

步骤 3：根据丝杠螺母之间的空载力矩情况（手感），将塞尺与半月板同时插入两丝杠螺母之间，并将丝杠螺母锁紧到位。锁紧到位的标志是键销定位槽对齐，这时再转动丝杠螺母，直至手感有些阻力，但同时键销定位槽又能够对齐，说明厚度已测好，如图 5-15 所示。

图 5-14 半月板与键式定位销

步骤4：将两螺母松开，测量半月板和所插入塞尺的总厚度，画图重新制作半月板，试装。

步骤5：如果厚度适宜，丝杠和丝杠螺母配合良好，则安装丝杠螺母上的两个键式定位销，上紧固定螺钉。

3. 滚珠丝杠螺母副的润滑及防护装置

滚珠丝杠螺母副在工作状态下必须润滑，以保证其充分发挥功能。其润滑方式主要有两种：润滑脂润滑和润滑油润滑。润滑脂的润滑给脂量

键销定位槽要对齐

图 5-15　键式定位销安装示意图

一般是螺母内部空间容积的1/3，某些生产厂家在装配时螺母内部已加注润滑脂。润滑油润滑的给油量随行程、润滑油的种类、使用条件等的不同而不同。

滚珠丝杠螺母副与滚动轴承一样，当污物及异物进入时，它会很快磨损，因此为防止污物及异物（切屑）进入，必须采用防尘装置，将丝杠轴完全保护起来。防尘装置可采用可随移动部件移动而收展的钢制盖板或柔性卷帘。

4. 滚珠丝杠螺母副常见故障

（1）过载　滚珠丝杠螺母副进给传动的润滑状态不良、轴向预加载荷太大、丝杠与导轨不平行、螺母轴线与导轨不平行、丝杠弯曲变形时，都会引起过载报警。一般会在 CRT 上显示伺服电动机过载、过热或过电流报警，或在电气柜的进给驱动单元上，通过指示灯或数码管提示驱动单元过载、过电流信息。

（2）窜动　滚珠丝杠螺母副进给传动的润滑状态不良、丝杠支承轴承的压盖压合情况不好、滚珠丝杠螺母副滚珠有破损、丝杠支承轴承破裂、轴向预加载荷太小，会使进给传动链的传动间隙过大，从而引起丝杠传动时的轴向窜动。

（3）爬行　爬行问题一般发生在启动加速段或低速进给时，多是进给传动链的润滑状态不良、外加负载过大等所致。尤其要注意的是，伺服电动机和滚珠丝杠连接用的联轴器如果连接松动或联轴器本身存在缺陷，如裂纹等，会造成滚珠丝杠转动和伺服电动机的转动不同步，从而使进给运动忽快忽慢，产生爬行现象。

5. 滚珠丝杠常见故障现象及故障排除方法

1）滚珠丝杠螺母副噪声过大的故障现象及排除方法，见表5-1。

表 5-1　滚珠丝杠螺母副噪声过大

故障原因	故障现象	排除方法
丝杠支承轴承的压盖压合情况不好	窜动	调整轴承压盖，使其压紧轴承端面
丝杠支承轴承可能破裂	窜动	如轴承破损，更换新轴承
电动机与丝杠联轴器松动	爬行	拧紧联轴器锁紧螺钉
丝杠润滑不良	过载、窜动、爬行	改善润滑条件，使润滑油量充足
滚珠丝杠螺母副滚珠有破损	窜动	更换新滚珠

2）滚珠丝杠运动不灵活的故障现象及排除方法，见表5-2。

表 5-2 滚珠丝杠运动不灵活

故障原因	引起误差	排除方法
轴向预加载荷太大	过载	调整轴向间隙和预加载荷
丝杠与导轨不平行	过载	调整丝杠支座位置,使丝杠与导轨平行
螺母轴线与导轨不平行	过载	调整螺母座位置,使丝杠与导轨平行
丝杠弯曲变形	过载	调整丝杠

三、导轨滑块副

导轨主要用来支承和引导运动部件沿一定的轨道运动,从而保证各部件的相对位置和相对位置精度。导轨在很大程度上决定了数控机床的刚度、精度和精度保持性,所以数控机床要求导轨的导向精度要高,耐磨性要好,刚度要大,且有良好的摩擦特性。常见导轨副有滑动导轨和滚动导轨,由于滚珠丝杠导轨的摩擦力小,在精密机床中广泛使用。

1. 滚动导轨的安装、预紧

直线滚动导轨的安装固定方式主要有螺钉固定、压板固定、定位销固定和斜楔块固定,如图 5-16 所示。直线滚动导轨的安装形式可以水平、竖直或倾斜,可以两根或多根平行安装,也可以把两根或多根短导轨接长,以适应各种行程和用途的需要。采用直线滚动导轨,可以简化机床导轨部分的设计、制造和装配工作。滚动导轨副安装基面的精度要求不太高,

a) 用螺钉固定　　　　b) 用压板和螺钉固定

c) 定位销固定　　　　d) 用楔块和螺钉固定

e) 导轨平行安装

图 5-16　直线滚动导轨的安装固定方式

通常只要精铣或精刨。直线滚动导轨对误差有均化作用，安装基面的误差不会完全反映到滑座的运动上来。通常滑座的运动误差约为基面误差的1/3。

在实际使用中，通常是两根导轨成对使用，其中一条为基准导轨，通过对基准导轨的正确安装，可保证运动部件相对于支承元件的正确导向。安装前必须检查导轨是否有合格证、是否有碰伤或锈蚀，并用防锈油清洗干净，清除装配表面上的毛刺、撞击突起物及污物等；检查装配连接部位的螺栓孔是否吻合，如果发生错位而强行旋入螺栓，将会降低运行精度。

2. 导轨滑块副的故障诊断

影响机床正常运行和加工质量的主要环节是：导轨滑块副间隙、滚动导轨副的预紧力、导轨的直线度和平行度以及导轨的润滑、防护装置。导轨滑块副的常见故障及排除方法见表5-3。

表5-3　导轨滑块副的常见故障及排除方法

故障内容	故障原因	排除方法
导轨磨损	机床经过长期使用,地基与床身水平度有变化,使得导轨局部单位面积负载过大	定期进行床身导轨的水平度调整或修复导轨精度
	长期加工短工件或者承受过分集中的负载,使得导轨局部磨损严重	注意合理分布短工件的安装位置,避免负载过度集中
	导轨润滑不良	调整导轨润滑油量,保证润滑油压力
	导轨材质不良	用电镀加热自冷淬火对导轨进行处理,导轨上增加锌铝铜合金板,以改善摩擦情况
	刮研质量不符合要求	提高刮研修复的质量
	机床维护不当,导轨里落入脏物	加强机床保养,保护好导轨防护装置
导轨上移动部件运动不良或者不能移动	导轨面研伤	用砂纸修磨机床与导轨面上的研伤
	导轨压板研伤	卸下压板,调整压板和导轨之间的间隙
	导轨镶条与导轨间隙太小,调节得过紧	松开镶条止退螺钉,调整镶条螺栓,使运动部件运动灵活,保证0.03mm塞尺塞不入,然后锁紧止退螺钉
加工平面在接刀处不平	导轨直线度超差	调整或者修刮导轨,公差为0.015mm/500mm
	工作台塞铁松动或塞铁弯度太大	调整塞铁间隙,塞铁弯度在自然状态下应该小于0.05mm
	机床水平度差,使得导轨发生弯曲	调整机床安装水平度,保证平行度、垂直度误差在0.02mm/1000mm以内

5.2.3　伺服参数设定引起的故障分析

通过分析闭环伺服系统的控制环可以看出，当伺服参数设定不当时，可能会造成跟随误差过大故障。

一、伺服参数设定

采用网络控制技术的全功能CNC，其全部伺服驱动参数都需要在CNC上进行设定。伺服驱动系统除了需要设定前述的位置控制基本参数外，还有大量的驱动器和电动机参数需要设定，这些参数包括电动机、驱动器规格参数和监控保护参数，位置、速度、转矩闭环调节参数，滤波器、陷波器参数，AI 控制、前馈控制参数等。

交流伺服驱动的闭环控制采用的是矢量控制理论，驱动器需要设定的参数（PRM2000~PRM2465）众多，参数计算和设定不但需要知道详细的电动机、驱动器动静态特性，而且要建立控制系统模型。因此，参数设定一般需要借助计算机软件才能完成，这对 CNC 使用厂家及其调试、维修技术人员来说，存在相当大的困难。为此，实际调试时需要利用 CNC 的伺服设定引导操作，进行伺服参数的自动设定。

1. 伺服设定引导

利用伺服设定引导操作，CNC 能够根据驱动系统的实际配置和功能要求，自动获取保存在驱动器的存储器中、由驱动器生产厂家通过大量实验与测试取得的最佳参数，完成驱动系统参数的自动设定，实现系统的最佳匹配与最优控制。

由于数字伺服控制是通过软件方式进行运算控制的，而控制软件存储在伺服 ROM 中，通电时数控系统根据所设定的电动机规格号和其他适配参数（如齿轮传动比、检测倍乘比、电动机方向等）加载所需的伺服数据到工作存储区（伺服 ROM 中写有各种规格的伺服控制数据），通过设置参数告诉数控系统伺服进给的各项信息才能保证伺服进给系统的正常工作，而初始化设定正是进行电动机规格号和其他适配参数的设定。因此，伺服参数的设定条件如下：

1）CNC 单元的类型及相应软件（功能）：系统是 FANUC 0C/0D 系统还是 FANUC 16/18/21/0i 系统。

2）伺服电动机的类型及规格：进给伺服电动机是 α 系列、β 系列、αi 系列还是 βi 系列。

3）电动机内装的脉冲编码器类型：编码器是增量编码器还是绝对编码器。

4）系统是否使用分离型位置检测装置，是否采用独立旋转编码器或光栅尺作为伺服系统的位置检测装置。

5）电动机旋转一周，机床工作台移动的距离：机床丝杠的螺距是多少，进给电动机与丝杠的传动比是多少。

6）机床的检测单位（如 0.001mm）。

7）CNC 的指令单位（如 0.001mm）。

2. 参数设定操作——FSSB 的设定

经过 FSSB（串行伺服总线）参数设定，可以建立起系统控制轴与伺服轴的对应关系，从而完成主控制器（CNC）与从控制器（伺服放大器和光栅）之间的数据传输。FSSB 只用一条光缆，这样可大大减少机床电气部分的接线。使用 FSSB 的系统，必须设定下列定义伺服轴的参数：参数 No.1023、No.1905、No.1910~No.1919 、No.1936 和 No.1937。

（1）FSSB 设定方式

1）手工设定 1。手工设定 1 的有效条件为：参数 1902#0 = 1、#1 = 0，参数 1910~1919 全为 0。

使用手工设定 1 时，分离型位置检测装置不能使用，系统控制轴与伺服轴的对应关系直接由参数 1023 确定，适用于不使用光栅做全闭环控制的数控机床。

2）手工设定 2。手工设定 2 的有效条件为：参数 1902#0 = 1。

使用手工设定 2 时，需要手工设定参数 No. 1023、No. 1905、No. 1910～No. 1919、No. 1936 和 No. 1937。

3）自动设定。轴的设定将根据由 FSSB 设定画面输入的轴和放大器的相互关系自动计算。用该计算结果，自动设定参数 No. 1023、No. 1905、No. 1910～No. 1919、No. 1936 和 No. 1937。

（2）FSSB 自动设定步骤

1）FSSB 界面显示。在 FSSB 设定界面上显示有基于 FSSB 的放大器和轴的信息。

此外，还可以设定放大器和轴的信息。

步骤一，按下功能键［SYSTEM］。

步骤二，按数次系统扩展软键，显示软键［FSSB］。

步骤三，按下软键［FSSB］，切换到放大器设定界面，显示如下软键。

| 放大器 | 轴 | 维修 | | （操作） |

2）放大器设定界面设定。在本界面确定放大器轴和 CNC 轴的连接，通过设定控制轴号确定对应关系。放大器设定界面如图 5-17 所示，各部分含义如下：

号：从属器编号。对由 FSSB 连接的从控装置，从最靠近 CNC 数起的编号，每个 FSSB 线路最多显示 10 个从控装置。

放大：放大器类型。在表示放大器开头字符的"A"后面，从靠近 CNC 一侧数起显示表示第几台放大器的数字和表示放大器中第几轴的字母（L：第1轴，M：第2轴，N：第3轴）。

系列：伺服放大器系列。

单元：伺服放大器单元的种类。

电流：最大电流值。

轴：控制轴号。

名称：控制轴名称。显示对应于控制轴号参数（No. 1020）的轴名称。控制轴号为"0"时，显示"-"。作为放大器信息，显示下列项目的信息。

3）轴设定界面。在轴设定界面上显示轴信息，如图 5-18 所示，具体显示以下项目。

轴：控制轴号，表明 NC 控制轴的安装位置。

名称：控制轴名称。

图 5-17　放大器设定界面

图 5-18　轴设定界面

放大器：连接在每个轴上的放大器的类型。

M1：分离型检测器接口单元 1 的插接器号，在参数 No. 1931 中设定。

M2：分离型检测器接口单元 2 的插接器号，在参数 No. 1932 中设定。

CS：Cs 轮廓控制轴，应设为 1。

双电：参数 No. 1934 中的指定值，FANUC 0i 系统不用。

3. 伺服参数初始化设定

根据以上伺服初始化设定的条件，按照图 5-19 所示伺服初始化设定流程可以对伺服系统进行伺服初始化设定。数字伺服控制是通过软件方式进行运算控制的，而控制软件存储在伺服 ROM 中。通电时数控系统根据所设定的电动机规格号和其他适配参数——如齿轮传动比、检测倍乘比、电动机方向等，加载所需的伺服数据到工作存储区（伺服 ROM 中写有各种规格的伺服控制数据），而初始化设定中写有各种规格的伺服控制数据，伺服初始化参数设定是对电动机规格号和其他适配参数进行设定，为数字伺服控制软件提供具体配置参数。

图 5-19　伺服初始化设定流程

（1）初始化的具体操作步骤

1）在紧急停止状态下接通电源。

2）设定用于显示伺服设定界面的参数，如图 5-20 所示。

其中，参数 3111 SVS 表示是否显示伺服设定界面。0：不予显示；1：予以显示

3）暂时将电源断开，然后再接通电源。

4）按下功能键 [SYSTEM]、功能菜单键 [▷]、软键 ［SV 设定］。

5）利用光标翻页键，输入初始设定所需的参数。

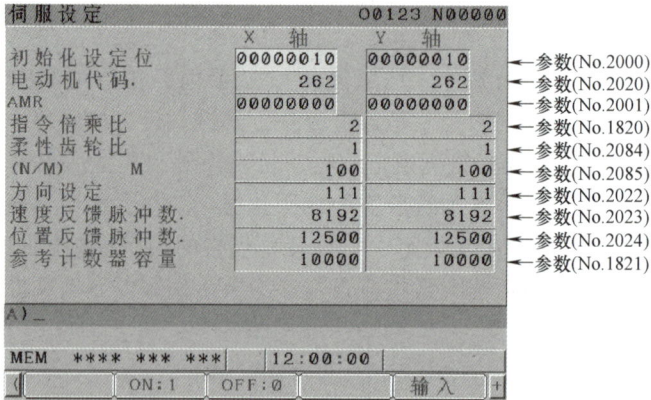

```
伺服设定                          O0123 N00000
                    X  轴        Y  轴
初始化设定位      00000010      00000010    ←参数(No.2000)
电动机代码.            262           262    ←参数(No.2020)
AMR              00000000      00000000    ←参数(No.2001)
指令倍乘比              2             2    ←参数(No.1820)
柔性齿轮比              1             1    ←参数(No.2084)
(N/M)      M          100           100    ←参数(No.2085)
方向设定             111           111    ←参数(No.2022)
速度反馈脉冲数.      8192          8192    ←参数(No.2023)
位置反馈脉冲数.     12500         12500    ←参数(No.2024)
参考计数器容量      10000         10000    ←参数(No.1821)

A)_

MEM  **** *** ***    12:00:00
 (          ON:1    OFF:0              输入      +
```

图 5-20 伺服设定界面

（2）相关参数介绍

1）设定电动机代码。根据电动机型号和图号，从表 5-4 中选择要使用的伺服电动机的电动机代码。

表 5-4 βiS 系列伺服电动机

电动机型号	电动机图号	驱动放大器	电动机代码
βiS 0.2/5000	0111	4A	260
βiS 0.3/5000	0112	4A	261
βiS 0.4/5000	0114	20A	280
βiS 0.5/6000	0115	20A	281
βiS 1/6000	0116	20A	282
βiS 2/4000	0061	20A	253
		40A	254
βiS 4/4000	0063	20A	256
		40A	257
βiS 8/3000	0075	20A	258
		40A	259
βiS 12/2000	0075	20A	269
		40A	268
βiS 12/3000	0078	40A	272
βiS 22/2000	0085	40A	274
βiS 22/3000	0082	80A	2313

2）设定伺服系统的电枢倍增比 AMR。FANUC 0i 系统参数为 2001，设定为 00000000，

与电动机类型无关。

3）设定伺服系统的指令倍乘比CMR。FANUC 0i系统参数为1820，设定各轴最小指令增量与检测单位的指令倍乘比。参数设定值：①指令倍乘比为1/2~1/27时设定值=1/CMR+100，有效数据范围为102~107；②指令倍乘比为1/2~48时设定值=2CMR，有效数据范围为2~96。

4）设定伺服系统的柔性进给齿轮比N/M。FANUC 0i系统参数为2084、2085。对不同螺距的丝杠或机床有减速齿轮时，为了使位置反馈脉冲数与指令脉冲数相同而设定进给齿轮比，由于通过系统参数可以进行修改，所以又叫作柔性进给齿轮比。

半闭环控制伺服系统：N/M =（伺服电动机一转所需的位置反馈脉冲数/100万）的约分数。

全闭环控制伺服系统：N/M =（伺服电动机一转所需的位置反馈脉冲数/电动机一转分离型检测装置位置反馈的脉冲数）的约分数。

5）设定电动机旋转移动方向。FANUC 0i系统参数为2022，111为正方向（从脉冲编码器端看为顺时针方向旋转）；-111为负方向（从脉冲编码器端看为逆时针方向旋转）。

6）设定速度反馈脉冲数。FANUC 0i系统参数为2023，串行编码器设定为8192。

7）设定位置反馈脉冲数。FANUC 0i系统参数为2024，半闭环控制系统中，设定为12500，全闭环系统中，按电动机一转来自分离型检测装置的位置脉冲数设定。

8）设定参考计数器。FANUC 0i系统参数为1821，参考计数器用于在栅格方式下返回参考点的控制。必须按电动机一转所需的位置脉冲数或按该数能被整数整除的数来设定。

二、伺服参数设定不当引起的故障

通常情况下，交流伺服驱动系统从整体上通过三环对电动机进行控制，三环包括位置环、速度环和电流环。对应不同的设定参数，引起的故障现象也不同。通常参数设定不当会引起以下故障。

1. 机床某轴发生谐振及故障处理方法

机床谐振通常是指在机床高速运行停止后，机床发生高频抖动，有时会伴有刺耳的"嗡嗡"声。每个机械系统都有自己的固定谐振频率，当机械系统中存在超过200Hz的强烈谐振时，为了消除谐振，会使用调高的速度滤波器常数。在提高滤波器常数依然不能消除谐振的情况下，就要通过调整其他速度环参数来配合。

2. 丝杠噪声及故障处理方法

机床在使用一段时间后，随着机械特性的改变，机床运行过程中，丝杠可能会产生刺耳的噪声。这时可以通过调整伺服系统参数来消除噪声，保证机床处在最佳运行状态。一般情况下，可以通过降低速度反馈滤波器常数来消除噪声。速度反馈滤波器的主要作用是限制速度反馈的截止频率，滤掉外界串入的干扰，以及速度的高频变化，保持速度调节的稳定性。在仅降低速度反馈滤波器常数效果不理想的情况下，可通过同时降低速度积分时间常数来消除噪声。

3. 位置跟随误差过大及故障处理方法

在加工过程中，如果发现位置跟随误差比较大，可以通过适当提高位置比例增益来降低系统的位置跟随误差。需要注意的是，插补轴之间的位置比例增益应保持一致。在对位置跟随性要求很高的系统中，也可以通过调整位置前馈增益来降低系统的位置跟随误差，以降低机床加工中工件的形状误差。

5.2.4 反馈检测环节引起的故障分析

如图 5-21 所示，全闭环系统是以光栅尺（直线轴）或外置编码器（回转轴）直接检测坐标轴位置的闭环控制系统。全闭环系统可对机械传动系统的误差进行自动补偿。图 5-21 所示为全闭环系统的组成图，为了直接检测坐标轴的位置，系统除了需要在半闭环的基础上增加光栅尺或编码器等外置检测元件外，还需要增加分离型检测单元。外置检测元件的反馈信号应连接到分离型检测单元上，分离型检测单元通过 FSSB 总线与 CNC 连接。

图 5-21 全闭环系统的硬件连接图

反馈检测环节会产生的故障主要有以下几种。

1）通信故障：主要是编码器与分离型检测单元、分离型检测单元与 FSSB 总线之间连接不良造成的。

2）分离型检测单元故障。

3）光栅尺或外置编码器被污染或损坏，需要清洁光栅尺、编码器，如果损坏需要更换。

5.2.5 故障定位

一、定位偏差

如图 5-22 所示，定位偏差为指令值与反馈值的差，该值存放在误差寄存器中。当出现伺服误差过大报警时，检查实际定位偏差是否大于参数 No.1823 ~ No.1829 的设定值。实际定位偏差界面如图 5-23 所示。

图 5-22 定位偏差框图

图 5-23 实际定位偏差界面

二、误差计数器分析

SV0411 报警是伺服轴在运动过程中，误差计数器读出的实际误差值大于 No. 1828 中的极限值时的报警，如图 5-24 所示。

三、SV0411 故障分析

当伺服轴执行插补指令时，指令值随时分配脉冲，反馈值随时读入脉冲，误差计数器随时计算实际误差值。当指令值、反馈值其中之一不能够正常工作时，均会导致误差计数器数值过大，即产生 SV0411 移动中误差过大报警。

四、故障定位

如图 5-25 所示，可以进行如下故障位置定位分析。

本次故障为 SV0411，对应故障描述为在坐标轴运动时发生位置跟随误差过大报警。由于该故障是在加工过程中发生的，因此推测该故障不应该是伺服参数设定不当引起的。为了确定，将伺服参数与设定好的伺服参数

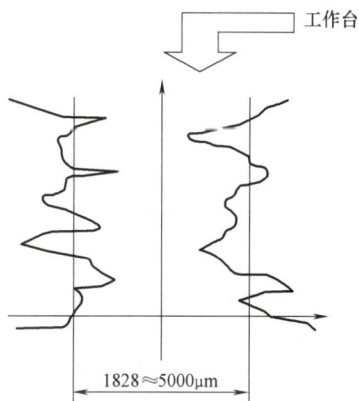

图 5-24 移动中误差带示意图

135

进行比对。通过比较故障发生前的伺服参数和故障发生后的伺服参数，可以看出伺服参数相同，且如果是伺服参数设定不当引起的位置跟随误差过大，一般会出现在全行程范围内。因此，该故障并不是伺服参数设定不当引起的。

由于报警信息并不是全行程内出现的，仅在某一位置段内出现，因此可以初步推测，该故障可能是机械传动机构或者反馈检测环节的某一位置段内出现损坏造成的。

图 5-25　故障定位分析图

5.3　项目实施

1）全闭环变半闭环的操作步骤如下：

① 参数 No.1815#1：作为位置检测器。

0：不使用分离型脉冲编码器；

1：使用分离型脉冲编码器。

将参数 No.1815#1 设置为 0。

② 修改 N/M 参数，根据丝杠螺距等计算 N/M。

本例机床为 10mm 螺距的直连丝杠，则 N/M = 1/100。

设定参数 No.2084 为 1，参数 No.2085 为 100。

③ 设定位置脉冲数。

将参数 No.2024 改为 12500（最小检测单位 = 0.001）。

④ 正确计算参考计数器容量。

对于 10mm 直连丝杠，将参考计数器容量参数 No.1821 设定为 10000。

这里需要注意的是，在修改之前应将原全闭环伺服参数记录下来，以便今后正确恢复。上电后，发现故障现象仍然存在，故可确定不是全闭环测量系统的问题。

2）采用互换法，将 X 轴与 Y 轴电动机互换。上电运行，发现故障仍然存在，故不是旋转编码器的问题。

3）用万用表查线、测量，确认电动机、驱动器及编码器反馈线也无问题，故障仍然存在。

4）断电情况下，用手转动丝杠，发现丝杠很沉，明显超过正常值，说明进给轴传动链存在机械故障。

5）通过钳工检修，修复 Z 轴机械问题，重新安装 Z 轴电动机，机床工作正常。

6）出具故障报告。

5.4　项目评估

项目结束，请各小组针对故障维修过程中出现的各种问题进行讨论，罗列出现的失误，总结在今后的学习和操作过程中如何更好地发挥团队精神、如何提高水平及效率，并填写故障记录表及项目评估表，见附表1和附表2。

阅读课堂

机械行业测量工程师应该遵循的工作准则和规范

机械行业测量工程师的测量行为规范通常包括以下内容：

1）遵守相关标准。测量工程师应该遵守机械行业的相关测量标准和规范，如ISO标准等。

2）使用合适的测量设备。测量工程师应该选择适合的测量设备和仪器，并确保其准确性和可靠性。

3）熟悉测量方法和技术。测量工程师应该熟悉和掌握机械测量的各种方法和技术，包括传统测量方法和现代测量技术。

4）确保测量结果的准确性。测量工程师应该确保测量结果的准确性，正确使用测量工具并读数，并遵循正确的测量程序和操作要求。

5）做好数据记录和报告。测量工程师应该准确记录测量数据，并及时生成测量报告，确保数据的完整性和可追溯性。

6）安全性和环保。测量工程师应该在进行测量时遵守相关的安全规范，保护自己和他人的安全，同时要注意维护仪器，减少测量仪器的损耗，并且注意环境保护。

项目6

刀库无法换刀

6.1　项目引入

6.1.1　故障现象

某加工中心采用斗笠式刀库进行换刀，执行换刀指令后，刀库移到主轴下方，主轴不再向上运动将刀具及刀柄卸下，无法进行接下来的动作。

6.1.2　故障调查

用螺钉旋具打开刀库伸缩电磁阀手动按钮，让刀库回到换刀前位置，重复 10 次换刀动作。其中，8 次无法成功换刀，故障现象如前描述；2 次换刀成功，但换刀时伴随换刀异响。

6.1.3　维修前准备

1）技术手册：机床结构手册、电气原理图、PLC 程序、机床操作手册等。

2）测量检具：万用表、试电笔、磁性表座、百分表等。

3）装调工具：呆扳手、内六角扳手、工具箱、专用扳手、剥线钳、斜口钳、压线钳、剪刀、十字螺钉旋具、一字螺钉旋具、微型手电筒等。

6.2　项目分析

斗笠式刀库刀具的交换过程为：当数控系统发出 M06 换刀指令后，内部 PLC 译码，整个刀库向主轴移动，在刀库气缸推出到位开关信号得电的情况下，根据换刀指令，刀库中的刀库电动机旋转，找到换刀刀座位，然后经逻辑处理使主轴打刀缸电磁阀得电，打刀缸活塞伸出，松开安装在主轴上的刀套，主轴向上移动脱离刀具，同时刀库获得旋转信号，通过刀库电动机转向至新换刀刀座位，当要换的刀具对正主轴正下方时主轴下移，使刀具进入主轴锥孔内，夹紧刀具后，刀库气缸推动刀库回到原位，完成换刀。采用这种自动换刀系统，需要刀具的自动夹紧、放松机构，刀库的运动及定位机构，还需要有清洁刀座、刀孔和刀柄的装置，机械结构复杂。刀库控制系统要收发信号进行选刀，进而接收刀具的换刀到位信号和到达等信号，因此换刀机构须进行电气元器件与数控系统的信息交互。此外，抓刀、取刀还需要气压或液压系统配合。这导致换刀故障的原因较多，如机械结构、液压气压系统、电气元器件及接线、PLC 程序编制问题（由于目前机床厂家都配置好 PLC 程序并通过测试，一般来说这类问题较少出现）等，都会引起换刀故障，产生如刀库旋转定位误差过大、刀库转刀出错、刀库或主轴夹持刀柄不稳定等故障现象。因此，准确判断换刀故障需要具备较全面的机、电、液基础知识及数控机床故障诊断知识。考虑到刀库电气故障发生概率较机械故障发生概率大得多，故先分析引发刀库电气故障的原因。

图 6-1 本项目故障排查思路及步骤

经验及可靠性试验均表明，当换刀机构出现故障时，一般的检测方法是查看数控系统 I/O 端口信号及报警信息，遵循先硬后软的原则。先进行如刀库电动机电流、刀库及主轴气液压力的检测，通过电流、压力信号的异常辅助判断、推测故障机理。然后，通过数控系统的 I/O 口检查及用万用表等检测仪器进行电气结构的逐一排查。结合本项目，将刀库故障排查思路及步骤示于图 6-1。

6.2.1 换刀相关气液压系统故障分析

通过对刀库及主轴的结构分析可知，本项目中刀库系统靠气缸实现斗笠式刀库沿导轨的移动，靠主轴液压缸实现换刀时刀柄的松开与拉紧。气、液压系统是刀库移动及主轴拉刀的动力源，给换刀动作提供一定的压力。当控制元件，如溢流阀、换向阀、电磁阀等出现堵塞、损坏等故障时，可能会导致系统无压力或压力不稳定，刀库、主轴无法动作。液压油液位过低或液压缸由于长期使用损坏，都会影响刀库、机械手的正常工作。另外，刀库及主轴的气管、油管在长期移动过程中容易在接口处破裂，从而出现泄漏、压力不足等情况。气管、油管接口处采用扩孔连接，一旦气、液管的端口没有达到扩孔的精度要求，必然出现泄压、漏油故障，导致夹持力过大或过小，造成无法正常拔刀，刀库、机械手无动作或动作不到位。如果调压弹簧松动或溢流阀严重泄漏，会造成回路油压过低，从而导致刀库、机械手动作缓慢和拔刀无力。因此，须重点检测电磁阀故障，气缸、法兰连接处或油管泄漏导致的液压压力不足故障。

此外，气、液压缸的压力冲击还会造成刀库、换刀机构的振动和噪声。通过调节缓冲节流口的直径，可以使换刀机构的旋转平稳性和刀位准确性得到一定程度的改善，但是变速瞬间换刀机构振动是不能够消除的。气、液压冲击是造成换刀机构振动和噪声的主要原因。在液压系统中，突然打开或者关闭液流通道时，管道内液体的压力会瞬间发生急剧的波动。当发生液压冲击时，会引起振动和噪声以及液体泄漏，影响系统的正常工作。以刀库气缸为例，在刀库被推至主轴下方换刀处的到位瞬间，刀库在缓冲作用下运动速度没有减到零，但这时限位装置已检测到到位信号，在信号的控制下，电磁换向阀到中位，两个气控单向阀形成锁紧回路。当换向阀到中间位置时，进、出油气口与气缸的两腔突然切断，而这时刀库和气流在惯性的作用下还在继续运动，使气缸一端气腔中的气体受到压缩，压力突然升高，而另一端气腔中的压力下降，形成了局部的真空，从而产生气压冲击。

根据上述结构分析，将本项目故障机床的气、液系统可能出现的故障分类为刀库气缸故障和主轴液压缸故障，其故障列表和故障树列于表 6-1 和图 6-2 中。

表 6-1　气、液压引起换刀故障列表

符号	内容	符号	内容
T	气液系统故障	B3	气泵损坏
A1	刀库气缸系统故障	C1	气缸拉毛或研损
A2	主轴液压缸系统故障	C2	密封圈损坏
B1	气缸漏气导致气压不足	C3	阀类零件漏气
B2	节流阀卡死	C4	管类零件漏气

6.2.2　换刀相关电气电路故障分析

在斗笠式换刀系统中，使用了大量的电气元器件，如断路器、接近开关、行程开关、接触器、继电器、接线端子等，并布置有大量的电路。由于机械零部件的寿命比电

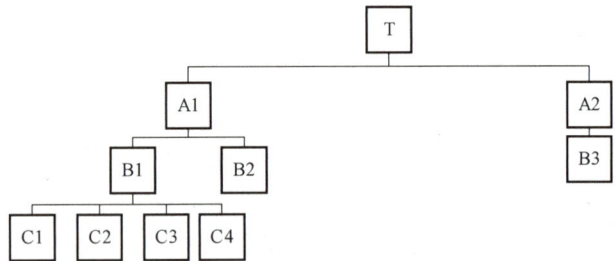

图 6-2　气、液压引起换刀故障故障树

气元器件的寿命要长得多，因此数控系统换刀部件长期使用后，元器件会出现接线松动或元器件失效的情况，产生刀库故障。为分析加工中心刀库系统电气故障产生的原因，以本项目故障机床配置的 FANUC 0i-MD 数控系统为例，介绍与刀库系统相关的所有强弱电电气连接原理图，如图 6-3~图 6-8 所示。图 6-9 所示为 FANUC 0i-MD 数控系统电控柜实物图。

由图 6-3~图 6-6 分析可知，刀库系统的强电元件从接入端开始经过了电源总开关 SA1，断路器 QF7，接触器 KM3、KM4 的主触点，刀库强电输入端，各种电气元器件如图 6-10 所示。

分析刀库系统的弱电控制信号，数控系统连接 I/O 模块，并从 I/O 模块接入两个分线器。图 6-11 所示为 I/O 输入模块电路板，图 6-12 所示为 I/O 模块分线器。

由图 6-8 可知，分线器 CE56 将 PLC 输出的刀盘正转、刀盘反转、打刀缸松刀、刀盘推出信号接入继电器 KA2、KA3、KA4、KA5 的线圈。

如图 6-7 所示，将刀盘计数、刀盘前限位、刀盘后限位、刀盘基位、打刀缸夹紧和打刀缸松开的 6 个接近开关信号通过分线器 CE56 接入数控系统 PLC。图 6-6 所示的电气原理控制过程为：按下按钮 SB1（SB1 为数控系统启动按钮，SB2 为急停按钮），继电器 KA1 线圈得电 → KA1 常开触点闭合 → 按钮 SB1 形成自锁电路 → 接触器 KM1 线圈得电 → 图 6-11 中的 KM1 主触点闭合 → KM1 常开辅助触点闭合 $\begin{cases}数控系统给正转信号\\数控系统给反转信号\end{cases}$（图 6-5）（KA2 常开触点闭合）→ KM3 线圈得电（电气互锁）→ KM3 主触点得电 → 电动机正转（KA3 常开触点闭合）→ KM4 线圈得电（电气互锁）→ KM4 主触点得电 → 电动机反转。

在了解和熟悉电气原理图的基础上，便可逐一排查由元器件损坏、接线不良等引起的刀库故障，如接线不良导致的 PLC I/O 点输入输出信号错误、刀库电动机转动故障导致的刀库不转或转动错乱、行程开关损坏或接线松动引起的刀库转动失灵、刀库基位和计数器传感器接线松动或损坏导致的刀库转位错误等。

根据上述电气原理图分析，将本项目故障机床的电路系统可能出现的故障分类为强电故障和弱电故障，其故障列表和故障树列于表 6-2 和图 6-13 中。

图6-3 数控系统强电外部接入及变压

图 6-4 刀盘转位电动机强电连接

图 6-5 利用开关电源进行 24V 直流电压转换

图6-6 刀盘电动机正反转及液压缸电磁阀控制信号

图 6-7 接入 PLC 的刀库控制信号

图6-8 从PLC接出的刀库控制信号

图 6-9 FANUC 0i-MD 数控系统电控柜实物图

a) 电源总开关正面及接线   b) 断路器   c) 接触器

图 6-10 强电回路经过的元器件

图 6-11 I/O 输入模块
         电路板

图 6-12 I/O 模块分线器

表 6-2 电气元器件引起换刀故障列表

符号	内容	符号	内容
T	电气故障	B6	继电器 KA3 虚接或损坏
A1	强电故障	B7	继电器 KA4 虚接或损坏
A2	弱电故障	B8	继电器 KA5 虚接或损坏
B1	电源总开关 SA1 虚接或损坏	B9	刀库前限位开关虚接或损坏
B2	断路器 QF7 虚接或损坏	B10	刀库后限位开关虚接或损坏
B3	接触器 KM4 虚接或损坏	B11	刀库基位传感器虚接或损坏
B4	刀库强电输入端虚接	B12	刀库计数器虚接或损坏
B5	继电器 KA2 虚接或损坏		

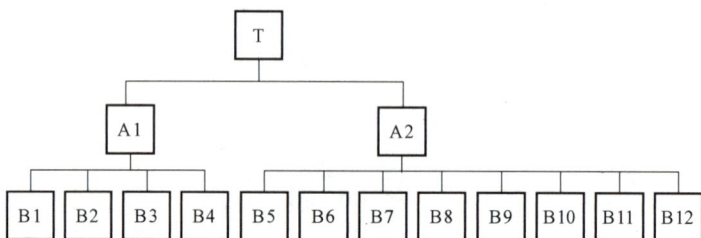

图 6-13 电气元器件引起换刀故障故障树

6.2.3 故障定位

本节以图 6-14 所示的流程图进行故障定位分析，其故障列表见表 6-3，具体故障定位步骤如下：

1. 定位刀库不转的原因

刀库不转的原因分两类：一为刀库不转但刀库电动机转，二为刀库电动机不转。第一类故障一般要考虑：刀库是否因为异物堵塞而卡死，电动机与刀库间的连接轴承、联轴器等部件是否出现故障。此类故障一般不易出现，且在故障产生初期便有较大的振动和异响，不会严重到此种程度才发现。这类故障可通过刀库检查及部件更换的方法方便地解决。从故障描述可知，应将故障定位为引起刀库电动机不转。

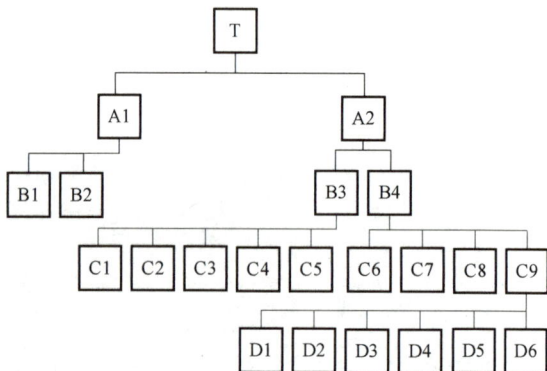

图 6-14 故障定位分析流程

2. 定位刀库电动机不转的原因

分析刀库电动机不转的原因，需从电气原理图的强电及控制电路两方面进行排查。

表 6-3　故障定位分析的故障列表

符号	内容	符号	内容
T	刀库不转	C5	刀库电动机损坏
A1	刀库不转电动机转	C6	KM3、KM4 辅助触点故障（电气互锁电路故障）
A2	刀库、电动机均不转	C7	KA1、SB1 故障（自锁电路故障）
B1	刀库异物堵塞卡死	C8	KM1 故障
B2	电动机与刀库间轴承、联轴器损坏	C9	PLC 无正反转输出信号输出
B3	强电回路故障	D1	无基位传感器 PLC 输入信号
B4	控制回路故障	D2	无计数器 PLC 输入信号
C1	SA1	D3	无刀库前限位 PLC 输入信号
C2	QF4	D4	无刀库后限位 PLC 输入信号
C3	KM3、KM4 主触点故障	D5	无气缸电磁阀 PLC 输入信号
C4	刀库强电输入端故障	D6	无打刀缸电磁阀 PLC 输入信号

（1）分析强电回路　虽然强电回路相对于控制回路较少出现故障，但考虑机床刀库涉及的强电回路相对简单，通过的元器件数量较少，可先进行强电回路的排查，按照强电进入数控机床的顺序依次排查电源总开关 SA1、断路器 QF7、接触器 KM3 和 KM4、刀库强电输入端和刀库电动机。

（2）分析控制回路　从电气原理图的控制回路分析，控制 KM3 和 KM4 主触点得电并带动电动机转动的控制元器件包括 SB1、KA1、KM1 和 KM3、KM4 的辅助触点，此外还需要数控系统给出的正转、反转信号正常。故控制回路可能出现的故障包括：SB1、KA1 故障（自锁电路故障），KM1 故障，KM3、KM4 辅助触点故障（互锁电路故障）及数控系统无法输出正、反转控制信号故障。当检测为控制回路中元器件故障后，可通过将元器件松动接线重新拧紧或更换元器件的方法排除故障。若故障为数控系统无法输出正、反转控制信号故障，则需通过查看 PLC 梯形图和 I/O 点输入情况进行排查，具体查看基位传感器、计数器、刀库前限位、刀库后限位、气缸电磁阀、打刀缸电磁阀是否因为接线松动或元器件故障引起 PLC 无输入信号。

由于故障的具体定位需要在实施过程中获得，故本节将故障定位为刀库电动机不转故障，具体的原因分析将在项目实施中进行详细的阐述。

6.3　项目实施

1. 强电回路故障排查

刀库系统的强电元器件从接入端开始包括电源总开关 SA1、断路器 QF7、接触器 KM3 和 KM4。

1）首先系统上电，系统启动，证明电源总开关 SA1 没有损坏。

2）根据图 6-4，进行断路器 QF7、接触器 KM3 和 KM4 的检查。

① 检测断路器是否良好。系统断电，将万用表拨到蜂鸣档，分别检测三相电路断路器

的通路是否发出蜂鸣声，测试方法如图 6-15 所示。或者给系统上电，将万用表拨到交流 "1000V" 档，检测断路器的电压，如图 6-16 所示，如断路器的输入电压和输出电压相等，则验证断路器良好。

图 6-15　用万用表蜂鸣档测试断路器的故障排查方法

图 6-16　用电压档测试断路器的故障排查方法

② 检测接触器是否良好。系统上电，将万用表拨到交流 "1000V" 档，分别测试接触器主触点输入端和输出端电压，测试方法如图 6-17 所示。测试结果发现，接触器输入端电压为 410V，但输出端为 0V。故将系统断电，测试接触器是否良好。将万用表拨到欧姆档 "20k" 处，检测接触器的线圈有电阻，如图 6-18 所示。将万用表拨到蜂鸣档，测试三个主触点及辅助常开触点，在手动按下线圈上的按钮后发出接通蜂鸣声，证明接触器良好。

图 6-17　用电压档测试接触器主触点

图 6-18　用欧姆档测试接触器线圈

当强电回路出现故障时，使用万用表对电源总开关、断路器、接触器等强电元器件进行检测，可有效查找故障点。本项目检测出强电回路接触器处存在故障但接触器并未损坏，故对控制回路进行检测，以查找引起接触器线圈不得电的故障点。

2. 控制回路故障排查

经过强电回路故障排查，发现接触器本身没有损坏。通过对电气原理图 6-6 进行分析，逐一检查执行换刀动作时，数控系统启动按钮 SB1、继电器 KA1、接触器 KM1、继电器 KA2 和 KA3、接触器 KM3 和 KM4 的得电情况。从 SB1 开始测试，至 KM1 常开触点能正常工作，到继电器 KA2、KA3 后发现继电器常开触点无法闭合。分析图 6-8，产生此种故障的原因有两种：①继电器 KA2、KA3 均损坏；②从 PLC 输出至 KA2、KA3 的线圈不得电。一般两继电器同时损坏的可能性较小，所以先检查 PLC 至继电器 KA2、KA3 线圈的接线是否松动或 PLC 是否无 Y001.2 和 Y001.3 信号输出。在排除接线松动可能后，进行 PLC I/O 点查看。

在 FANUC 0i-MD 系统中，查看 I/O 点的步骤：①按［SYSTEM］功能键，CRT 出现图 6-19 所示的界面；②按三次扩展键，显示图 6-20 所示的界面；③单击图中的［PMCMNT］软键，出现图 6-21 所示的 I/O 点查看界面；④输入 Y0001，单击［搜索］功能键，显示如图 6-22 所示。

图 6-19　按［SYSTEM］功能键后系统界面

图 6-20　按三次扩展键后系统界面

从图 6-22 发现，PLC 扩展模块 CE56 的 I/O 点 A21 和 B21 在换刀指令发生时无高低电平变化（Y0001.2 和 Y0001.3）。经控制回路的故障排查得出结论：图 6-8 中的 PLC 扩展模块 CE56 的 I/O 点 A21 和 B21 无信号输出→图 6-8 中的继电器 KA2、KA3 线圈无法得电→图 6-6 中 KA2、KA3 常开触点无法闭合→图 6-6 中 KM3、KM4 线圈不能得电→图 6-4 中的 KM3、KM4 主触点不能得电→图 6-4 中的刀库电动机无法正、反转，应该对 PLC 梯形图进行分析和查找。

图 6-21　I/O 点查看界面

图 6-22　Y0001.2 输出点状态

3. PLC 无正反转输出信号故障排查

根据图 6-7 可知线圈 KA2、KA3 PMC 的输出点地址。当指令发出时，PMC 梯形图显示无输入信号，说明 PMC 输入端外部 I/O 点有问题。进入系统 I/O 点界面检查，发现当发出指令时 I/O 的状态指示灯没有显示，检查相应的机床结构部件，发现传感器松动导致接线松动，反馈信号不能发送至数控系统 PMC，才导致 I/O 点无法接通，PMC 无输入信号。

在 FANUC 0i 系统中打开 PMC 的步骤：①按［SYSTEM］功能键，显示如图 6-19 所示界面；②再按三次扩展键，显示如图 6-20 所示界面；③单击［PMCLAD］功能键，CRT 出现图 6-23 所示界面；④搜索 F007.3，找到换刀 PMC 梯形图，如图 6-24 所示。沿着梯形图从故障输出点 Y001.2 和 Y001.3 向 PMC 输入端查找，发现刀盘前限位输入端 X10.1 无信号输入，根据电气原理图 6-7 可知，刀盘前限位传感器无信号输入。

图 6-23　PMC 梯形图查看首界面

结论：经过 PLC 的故障排查，查看前限位开关，发现前限位开关接线松动，这就解释了故障现象中，10 次换刀有 2 次可实现换刀的原因，即前限位开关接线并不是完全断开，而是虚接，故 PLC 的输入信号不稳定。同时，检查发现，接近开关固定螺母松动。故本项目刀库不转的原因为刀库长期使用，接近开关挡板长期撞击接近开关，导致固定螺母松动，进而拖拽接近开关接线，使接线松动，无法将刀库到位信号送至 PLC，调整接近开关固定螺母并重新接好接线，故障排除。

图 6-24　PMC 换刀梯形图

6.4　项目评估

项目结束，请各小组针对故障维修过程中出现的各种问题进行讨论，罗列出现的失误，总结在今后的学习和操作过程中如何更好地发挥团队精神、如何提高水平及效率，并填写故障记录表及项目评估表，见附表 1 和附表 2。

6.5　项目拓展

由刀库和机械手组成的自动换刀装置也是常用的刀库形式之一，其结构示意图如图 6-25 所示。此类换刀结构在数控机床上的应用最为广泛。其刀具的交换过程为：当数控系统发出 M06 换刀指令后，内部 PLC 译码，根据换刀指令在刀库中进行刀库电动机的旋转，实现选刀，刀库气缸推出到位开关信号得电的情况下，经过逻辑处理使

图 6-25　刀库换刀装置结构示意图

机械手锁刀套电磁阀得电，锁刀液压缸活塞伸出卡住刀套，同时机械手获得旋转信号，通过电动机或液压驱动转向，进行刀具交换，然后将新刀具装入主轴中，将用过的刀具放回刀库。采用这种自动换刀系统，需要刀具的自动夹紧、放松机构，刀库的运动及定位机构，还需要有清洁刀座、刀孔和刀柄的装置，机械结构复杂。刀库控制系统通过发送信号进行选刀，并接收刀具到位信号，因此换刀机构须进行电气元器件与数控系统的信息交互。此外，抓刀、取刀还需要气压或液压系统配合。下面就此类刀库的机械结构进行介绍。

6.5.1　常用刀库的形式

根据刀库存放刀具的数目和取刀方式，上述刀库可设计成多种形式。图 6-26a~d 所示为单盘式刀库，图 6-26d 所示为刀具可做 90°翻转的圆盘刀库，采用这种结构能够简化取刀动作。单盘式刀库的结构简单，刀库的容量通常为 15~30 把刀，取刀比较方便，因此应用最为广泛。图 6-26e 所示为鼓轮弹仓式（又称刺猬式）刀库，其结构十分紧凑，在相同的空间内，它的刀库容量较大，但选刀和取刀的动作较复杂。图 6-26f 所示为链式刀库，其结构有较大的灵活性，存放刀具的数量也较多，选刀和取刀动作十分简单。当链条较长时，可以增加支承链轮的数目，使链条折叠回绕，提高了空间的利用率。图 6-26g 和图 6-26h 所示分别为多盘式和格子式刀库，它们虽然也具有结构紧凑的特点，但选刀和取刀动作复杂，应用较少，其刀库的容量一般为 10~60 把刀，但随着加工工艺的发展，目前刀库的容量似乎有进一步增大的趋势。图 6-26i 所示为圆盘式刀库；图 6-26j 所示为链式刀库，双臂机械手换刀；图 6-26k、l 所示为单排链式刀库。

图 6-27 所示为链式刀库，其结构有较大的灵活性。图 6-27a 所示为某一自动换刀数控镗铣床所采用的单排链式刀库简图，刀库置于机床立柱侧面，可容纳 21 把刀具。如刀具储存量过大，将使刀库过高。为了增加链式刀库的储存量，可采用图 6-27b 所示的多排链式刀库，我国 JCS-013 型自动换刀数控镗铣床采用了四排刀链，每排储存 15 把刀具，整个刀库可储存 60 把刀具。这种刀库常独立安装于机床之外，因此占地面积大，且由于刀库远离主轴，必须有中间搬运装置，故整个换刀系统结构复杂。图 6-27c 所示为加长链条的链式刀库，采用增加支承链轮的方法，使链条折叠回绕，提高其空间利用率，从而增加了刀库的储存量。

刀库除了存储刀具之外，还要能根据要求将各工序所用的刀具运送到取刀位置。刀库常采用单独驱动装置。图 6-28 所示为圆盘式刀库的结构图，可容纳 40 把刀具，图 6-28a 所示为刀库的驱动装置，由液压马达驱动，通过蜗杆 4 和蜗轮 5，端齿离合器 2 和 3 带动与圆盘 13 相连的轴 1 转动。如图 6-28b 所示，圆盘 13 上均布 40 个刀座 9，其外侧边缘上有固定不动的刀座号读取装置 7。当圆盘 13 转动时，刀座号码板 8 依次经过刀座号读取装置，并读出各刀座的编号，与输入指令相比较，当找到所要求的刀座号时，即发出信号，高压油进入液压缸 6 右腔，使端齿离合器 2 和 3 脱开，使圆盘 13 处于浮动状态。同时，液压缸 12 前腔的高压油通路被切断，并使其与回油箱连通，在弹簧 10 的作用下，液压缸 12 的活塞杆带着定位 V 形块 14 使圆盘 13 定位，以便换刀装置换刀。这种装置比较简单，总体布局比较紧凑，但圆盘直径较大，转动惯量大。一般这种刀库多安装在离主轴较远的位置，因此要采用中间搬运装置来将刀具传送到换刀位置。

a)   b)   c)   d)

e)   f)   g)   h)

i)   j)

k)   l)

图 6-26 常见的几种刀库形式

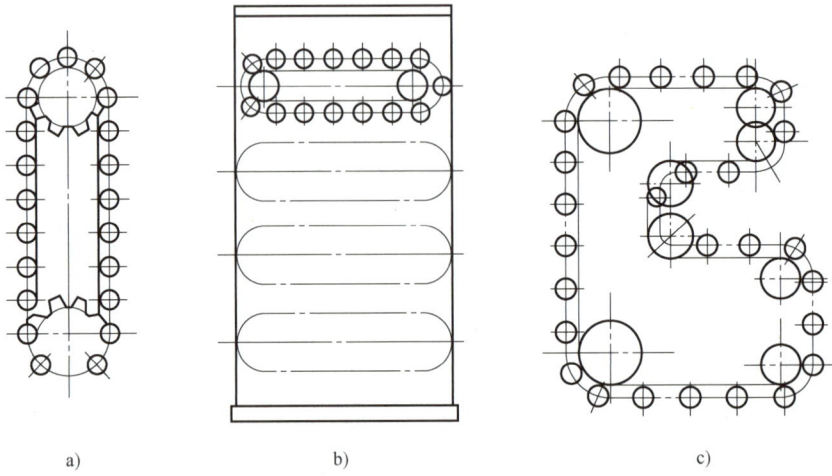

a)　　　　　　　　　　　　b)　　　　　　　　　　　　c)

图 6-27　链式刀库

a) 刀库的驱动装置

图 6-28　圆盘式刀库结构图

b) 刀盘结构

图 6-28　圆盘式刀库结构图（续）

1—轴　2、3—端齿离合器　4—蜗杆　5—蜗轮　6、12—液压缸　7—刀座号读取装置
8—刀座号码板　9—刀座　10—弹簧　11—套　13—圆盘　14—V 形块

6.5.2　常用机械手的形式

采用机械手进行刀具交换的方式应用得最为广泛，这是因为机械手换刀有很大的灵活性，而且可以减少换刀时间。

1. 机械手的形式与种类

在自动换刀数控机床中，机械手的形式也是多种多样的，常见的有图 6-29 所示的几种形式。

图 6-29　机械手的形式

（1）单臂单爪回转式机械手（图 6-29a）　这种机械手的手臂可以回转不同的角度进行自动换刀，手臂上只有一个夹爪，不论在刀库上还是在主轴上，均靠这一个夹爪来装刀及卸刀，因此换刀时间较长。

（2）单臂双爪摆动式机械手（图 6-29b）　这种机械手的手臂上有两个夹爪，两夹爪有所分工，一个夹爪只执行从主轴上取下"旧刀"送回刀库的任务，另一个夹爪则执行由刀库取出"新刀"送到主轴的任务。其换刀时间较单爪回转式机械手要短。

（3）单臂双爪回转式机械手（图6-29c） 这种机械手的手臂两端各有一个夹爪，两个夹爪可同时抓取刀库及主轴上的刀具，回转180°后，又同时将刀具放回刀库及装入主轴，换刀时间较以上两种单臂机械手均短，是最常用的一种形式。图6-29c所示右边的机械手在抓取刀具或将刀具送入刀库及主轴时，两臂可伸缩。

（4）双机械手（图6-29d） 这种机械手相当于两个单爪机械手，相互配合起来进行自动换刀。其中一个机械手从主轴上取下"旧刀"送回刀库，另一个机械手由刀库里取出"新刀"装入机床主轴。

（5）双臂往复交叉式机械手（图6-29e） 这种机械手的两手臂可以往复运动，并交叉成一定的角度。一个手臂从主轴上取下"旧刀"送回刀库，另一个手臂由刀库取出"新刀"装入主轴。整个机械手可沿某导轨直线移动或绕某个转轴回转，以实现刀库与主轴间的运刀运动。

（6）双臂端面夹紧机械手（图6-29f） 这种机械手只是在夹紧部位上与前几种不同。前几种机械手均靠夹紧刀柄的外圆表面抓取刀具，而这种机械手是夹紧刀柄的两个端面。

2. 常用换刀机械手

（1）单臂双爪式机械手 也称扁担式机械手，是目前加工中心中用得较多的机械手。这种机械手的拔刀、插刀动作，大都由液压缸来完成。根据结构要求，可以采取液压缸动、活塞固定，或活塞动、液压缸固定的结构形式。而手臂的回转动作，则通过活塞的运动带动齿条齿轮传动来实现。其机械手臂的不同回转角度，由活塞的可调行程来保证。

这种机械手采用了液压装置，既要保证不漏油，又要保证机械手动作灵活，而且每个动作结束之前均必须设置缓冲机构，以保证机械手的工作平衡、可靠。由于液压驱动的机械手需要严格的密封，还需较复杂的缓冲机构，且控制机械手动作的电磁阀都有一定的时间常数，因而换刀速度慢。近年来研制的凸轮联动式单臂双爪机械手如图6-30所示。

这种机械手的优点是：由电动机驱动，不需较复杂的液压系统及密封、缓冲机构，没有漏油现象，结构简单，工作可靠。同时，机械手手臂的回转和插刀、拔刀的分解动作是联动的，部分时间可重叠，从而大大缩短了换刀时间。

（2）双臂单爪交叉机械手 由北京机床研究所开发和生产的JCSl3卧式加工中心，所用换刀机械手就是双臂单爪交叉机械手，如图6-31所示。

（3）单臂双爪且手臂回转轴与主轴成45°的机械手 其结构如图6-32所示。这种机械手优点是换刀动作可靠，换刀时间短；缺点是刀柄精度要求高，结构复杂，联机调整的相关精度要求高，机械手离加工区较近。

3. 手爪形式

（1）钳形机械手的杠杆手爪 如图6-33所示，锁销2在弹簧（图中未画出此弹簧）作用下，其大直径外圆顶着止退销3，手爪6就不能摆动张开，手爪中的刀具就不会被甩出。当抓刀和换刀时，锁销2被装在刀库主轴端部的撞块压回，止退销3和手爪6就能够摆动、放开，刀具就能装入和取出。这种手爪均为直线运动抓刀。

图 6-30 凸轮联动式
单臂双爪机械手
1—刀套 2—十字轴 3—电动机
4—圆柱槽凸轮（手臂上下）
5—杠杆 6—锥齿轮 7—凸轮
滚子（平臂旋转）
8—主轴箱 9—换刀手臂

图 6-31　双臂单爪交叉机械手

图 6-32　斜 45°机械手

1—刀库　2—刀库轴线　3—齿条　4—齿轮　5—抓刀活塞
6—机械手托架　7—主轴　8—抓刀定块　9—抓刀动块
①—抓刀　②—拔刀　③—换位（旋转180°）
④—插刀　⑤—松刀　⑥—返回原位（旋转90°）

（2）刀库夹爪　刀库夹爪既起着刀套的作用又起着手爪的作用。图 6-34 所示为刀库夹爪。

图 6-33　钳形机械手的杠杆手爪

1—手臂　2—锁销　3—止退销　4—弹簧
5—支点轴　6—手爪　7—键　8—螺钉

a)　　　　　　　　b)

图 6-34　刀库夹爪

1—锁销　2—顶销　3—弹簧　4—支点轴
5—手爪　6—挡销

4. 机械手结构原理

如图 6-35 所示，机械手结构及工作原理如下：机械手有两对抓刀爪，分别由液压缸 1 驱动，当液压缸推动机械手爪外伸时（图 6-35 中上面一对抓刀爪），抓刀爪上的销轴 3 在支架导向槽 2 内滑动，使抓刀爪绕销 4 摆动，抓刀爪合拢抓住刀具；当液压缸回缩时（图 6-35 中下面的抓刀爪），支架导向槽 2 迫使抓刀爪张开，放松刀具。由于抓刀动作由机械机构实现，且能自锁，因此工作安全可靠。

图 6-35　机械手结构原理图

1—液压缸　2—支架导向槽　3—销轴　4—销

5. 机械手的驱动机构

图 6-36 所示为机械手的驱动机构，升降气缸 1 通过杆 6 带动机械手臂升降，当机械手在上边位置时（图示位置），液压缸 4 通过齿条 2、齿轮 3、传动盘 5、杆 6 带动机械手臂回转；当机械手在下边位置时，传动气缸 7 通过齿条 9、齿轮 8、传动盘 5 和杆 6，带动手臂回转。

图 6-36　机械手的驱动机构

1—升降气缸　2、9—齿条　3、8—齿轮　4—液压缸　5—传动盘　6—杆　7—传动气缸

图 6-36　机械手的驱动机构（续）

图 6-37 所示为机械手臂和手爪结构图。手臂的两端各有一手爪，刀具被带弹簧 1 的活动销 4 紧靠着固定爪 5。锁紧销 2 被弹簧 3 弹起，使活动销 4 被锁位，不能后退，这就保证了在机械手运动过程中手爪中的刀具不会被甩出。当手臂在上方位置从初始位置转过 75° 时锁紧销 2 被挡块压下，活动销 4 就可以活动，使得机械手可以抓住（或放开）主轴和刀套中的刀具。

图 6-37　机械手臂和手爪结构图

1、3—弹簧　2—锁紧销　4—活动销　5—固定爪

6.5.3　机械手换刀故障分析

（1）刀具夹不紧　可能原因有气泵气压不足、漏气、刀具松开弹簧上的螺母松动等。

（2）刀具夹紧后松不开　可能原因是松锁刀的弹簧压合过紧，应调节松锁刀弹簧上的螺钉，使最大载荷不超过额定数值。

（3）刀具从机械手中脱落　应检查刀具是否超重，机械手夹紧锁是否损坏或没有弹出来。

（4）刀具交换时掉刀　换刀时主轴箱没有回到换刀点或换刀点漂移，机械手抓刀时没

有到位就开始拔刀，都会导致换刀时掉刀。这时应重新操作主轴箱运动，使其回到换刀点位置，重新设定换刀点。

（5）机械手换刀速度过快或过慢　可能原因是气压太高或太低和换刀气阀节流开口太大或太小，应调整气压大小和节流阀开口的大小。

6.5.4　斗笠式换刀装置的 PMC 程序

1. 斗笠式刀库的换刀动作过程

自动换刀是加工中心的重要辅助功能，其作用是将主轴中用过的刀具还回刀库，再将需要的刀具从刀库取出并装入主轴中，要求准确、无误、快速。斗笠式刀库换刀时，首先比较当前刀套号是否与主轴刀号一致，如果不一致，先旋转刀库，然后后刀库向主轴方向平行移动，取下主轴上原刀具，当主轴上的刀具进入刀库的卡槽时，主轴向上移动脱开刀具；接下来，为主轴安装新刀具，首先刀库转动，当目标刀具对正主轴正下方时，主轴下移，使刀具进入主轴锥孔内，刀具夹紧后，刀库退回远离主轴位置，换刀过程结束。斗笠式刀库具有结构简单、成本低、易于控制和维护方便等优点，因此在中小型加工中心上得到了广泛的应用。

刀库换刀动作过程说明如下：

1）刀库处于准备位置，即刀库停留在远离主轴中心的位置，主轴沿 Z 方向移动到第一参考点。

2）如果当前刀套号与主轴刀号不一致，刀库旋转。

3）主轴沿 Z 方向移动到第二参考点，并完成定位动作，准备还刀。

4）刀库平行向主轴位置移动。

5）刀库抓刀确认后，主轴吹气松刀。

6）主轴抬起到 Z 轴第一参考点位置。

7）刀库旋转，使当前刀套号与 T 代码一致。

8）主轴下移到 Z 轴的第二参考点位置，并进行抓刀。

9）主轴夹紧刀具。

10）刀库向远离主轴中心位置侧平移。

11）换刀操作完成。

整个刀库的动作主要靠刀库电动机、气缸和主轴的相互结合控制实现。刀库通过 PMC 功能指令实现刀库的正反转就近找刀，其中的接近开关信号可用于刀库计数，以此实现刀库原点复归和数刀。气缸的功能主要是接收 PMC 发出的信号，以控制刀库整体向前进或向后退，为换刀或换刀后运行 NC 程序做准备。其换刀流程和思路如图 6-38 所示。

图 6-38　斗笠式刀库换刀流程图

2. PMC I/O Link 的设定

（1）数控系统的各模块连接 按图 6-39 所示的数控系统连接示意图，对数控系统以组、基座、槽进行 I/O 地址的定位。

图 6-39 数控系统连接示意图

组：系统和 I/O 单元之间通过 JDIA→JD1B 串行连接，离系统最近的单元称为第 0 组，依次类推。

基座：使用 I/O UNIT-MODELA 时，在同一组中可以连接扩展模块，因此在同一组中为区分其物理位置，定义主副单元分别为 0 基座、1 基座。

槽：在 I/O UNIT-MODELA 时，在一个基座上可以安装 5~10 槽的 I/O 模块，从左至右依次定义其物理位置为 1 槽、2 槽。

（2）I/O Link 的软件设定 当通过硬件连接而确定 I/O 单元相关的硬件位置后，组、基座、槽通过数控系统软件来设定每个单元的输入、输出起始地址，具体步骤：单击数控面板［SYSTEM］键→软键［PMC］→ 软键［EDIT］→软键［MODEL］后，界面如图 6-40 所示。

图 6-40 I/O 单元设定界面

3. 根据 PMC 梯形图及 I/O 点地址设定进行电气原理图设计（包括 PMC 输入及输出信号）

图 6-41 所示为 PMC 的 I/O 点输入电气接线图，是由 MT 侧发向 PMC 侧的信号；图 6-42 所示为 PMC 的 I/O 点输出电气接线图，是由 PMC 侧发向 MT 侧的信号。图中的 X 及 Y 信号根据 I/O Link 的设定进行编号。

图 6-41 PMC 的 I/O 点输入电气接线图

图 6-42 PMC 的 I/O 点输出电气接线图

4. 斗笠式刀库换刀程序

换刀动作的完成是执行换刀宏程序的过程，下面是斗笠式刀库换刀程序。在斗笠式刀库换刀过程中，NC 宏程序与 PMC 程序的结合使用，可以使刀库、轴的控制有机地结合起来，使机床的换刀过程控制更为准确、方便。

```
O9001；
N1 IF［#1000EQ1］GOTO19（TCODE＝SPTOOL）；     T 代码等于主轴刀号,换刀结束
N2 #199＝#4003（G90/G91MODLE）；
N3 #198＝#4006（G20/21MODLE）；               保留之前的模态信息
N4 IF［#1002EQ1］GOTO7（SPTOOL＝0）；          如果主轴刀号为 0,则直接抓刀
N5 G21 G91 G30 P2 Z0 M1；                      (回第二参考点,M19 定向,准备还刀)
N6 GOTO8；
N7 G21 G91 G28 Z0 M19；                        (回第一参考点,M19 定向,准备抓刀)
N8 M50；                                        刀库准备好(使能)
N9 M52；                                        刀库向右(靠近主轴)
N10 M53；                                       松刀吹气
N11 G91 G28 Z0；                                回第一参考点
N12 IF［#1001EQ1］GOTO15（TCODE＝0）；         如果指令 T0,则无须抓刀
N13 M54；                                       刀盘旋转
N14 G91 G30 P2 Z0；                             回第二参考点
N15 M55；                                       刀具夹紧
N16 M56；                                       刀盘向左(远离主轴)
N17 M51；                                       旋转结束
N18 G#199 G#198；                              恢复模态
N19 M99；
```

5. 斗笠式刀库换刀梯形图

斗笠式刀库自动换刀 PMC 控制梯形图如图 6-43 所示，其中 F0007.3 为 TF 信号（T 码选通信号），F0026 为 T 码输出地址，F0001.1 为 RST 信号（系统复位信号），X0008.4 为 *ESP 信号（急停信号），X0003.5 为刀库定位信号，C0002 为 2 号计数器。换刀动作过程：系统得到换刀信号后，主轴自动返回到换刀点，且实现主轴准停控制；刀盘从原位自动换刀，当刀盘到位开关接通后，刀盘立即停止，做好接刀动作准备；主轴自动松刀并进行吹气控制，完成主轴送刀控制动作；当主轴送刀到位开关接通后，主轴上移（返回到机床参考点位置）；刀盘根据程序的 T 码指令，进行就近选刀控制，同时刀盘计数器开关计数，当选刀到位时，电动机立即停止；主轴从参考点下移到换刀点，进行主轴接刀控制动作，同时主轴自动夹紧刀具；当主轴刀具夹紧到位开关接通后，刀盘自动返回到原始位置，完成自动换刀全过程。

6.5.5　刀库换刀常见故障排查方法

（1）故障现象　数控系统发出换刀指令，刀库不动作。

① 检查机床的操作模式是否正确、机床是否为锁住状态、指令是否正确。

图 6-43 斗笠式刀库自动换刀 PMC 控制梯形图

图 6-43 斗笠式刀库自动换刀 PMC 控制梯形图（续）

② 检查数控机床的压缩空气的气压是否在要求范围内。一般数控机床常用的压缩空气压力为 0.5～0.6MPa，如果所提供的压缩空气压力低于这个范围，在刀库换刀过程中会由于压力不够，造成刀库不动作。

③ 检查刀库的初始状态是否正常，即检查限位开关的状态是否良好、输送到数控系统 PLC 的入口信号是否正确。可以通过数控系统提供的 PLC 地址诊断功能帮助检查。

（2）故障现象　刀库移动到主轴中心位置，但不进行接下来的动作。

① 检查刀库到主轴侧的前限位开关是否良好、发送到数控系统 PLC 中的信号状态是否正常。

② 如果限位传感器状态及信号都正常，则检查主轴刀具是否夹紧。

③ 检查主轴定位是否完成。

④ 确认第一参考点返回是否完成。

（3）故障现象　刀库从主轴取完刀，不旋转到目标刀位。

一般刀库的旋转电动机为三相异步电动机，如果发生以上故障，要进行以下检查。

① 参照机床的电气图样，利用万用表等检测工具检查电动机的启动电路是否正常。

② 检查刀库部分的电源是否正常、交流接触器与开关是否正常。一般刀库主电路部分的动力电源为三相交流 380V 电压，交流接触器线圈控制部分的电源为交流 110V 或直流 24V，检查此部分的电路并保证电路正常。

③ 在保证以上部分都正常的情况下，检查刀库驱动电动机是否正常。

④ 如果以上故障都排除，则考虑刀库机械部分是否有干涉的地方、刀库旋转驱动电动机和刀库的连接是否脱离。

（4）故障现象　主轴抓刀后，刀库不移回初始位置。

① 检查气源压力是否在要求范围内。

② 检查刀库驱动气压控制回路是否正常。

③ 检查主轴刀具抓紧情况，主轴刀具抓紧通过夹紧传感器发出回馈信号到数控系统，如果数控系统接收不到传感器发送的夹紧确认信号，刀库就不执行下面的动作。

④ 检查刀库部分是否存在机械干涉现象。

（5）故障现象　刀库在换刀时旋转不停。

① 检查基位传感器和计数器是否有油污或切屑等异物阻挡。

② 适当调整基位传感器和计数器离刀库的距离，避免感应距离太远。

③ 检查基位传感器和计数器是否接线不良。

④ 通过 PLC 的 I/O 口情况及 PLC 梯形图诊断功能检查基位传感器和计数器信号 PLC 输出及反馈信号状态。

⑤ 检查 24V 电源线是否断开。

⑥ 检查基位传感器和计数器是否损坏。

（6）故障现象　自动换刀过程中停电，开机后系统显示报警。

本机床故障是自动换刀过程中的突然停电引起的，观察机床状态，斗笠式刀库已经取下主轴上的刀具，正常的换刀动作被突然停止，刀库处于非正常的开机状态，引起了系统的急停。通过手动控制液压阀，完成刀库退回原位动作，使机床恢复正常的初始状态，并关机。再次启动机床，报警消失，机床恢复正常。

（7）故障现象　主轴刀具不能夹紧到位。

① 检查打刀杆与夹爪拉杆之间的距离是否大于 5mm，调整打刀杆处的调整螺母，使其与拉杆之间距离 1~5mm。

② 检查主轴换刀液压油是否足够。

③ 检查主轴换刀压力是否足够，气、液缸及其管路是否存在泄漏，压缩空气压力是否

达到0.392MPa以上。

（8）故障现象　刀具送入主轴时不能安全进入夹爪且工件加工质量变坏，如钻孔出现圆柱度超差等。

① 检查夹爪是否破裂（在主轴停止状态下，置点动模式，手动上刀和下刀，会感觉到上刀和下刀不灵活自如）。

② 检查主轴拉杆上的碟形弹簧是否断裂（在主轴停止状态下，用手沿轴线方向上下拉动刀具，会发现刀具有上下窜动现象）。

（9）故障现象　刀具交换时掉刀。

① 检查是否刀具超重。

② 检查刀库抓刀弹簧是否过松，如果是，可通过拧紧调整螺钉来调整弹簧的松紧。

③ 检查刀库抓刀弹簧是否疲劳，确认是否需要更换弹簧。

④ 若掉刀故障下换刀声音明显较大，则检查刀库换刀位置和主轴的装配精度。该故障的产生原因较多，需检查是否是长期换刀冲击导致刀库位置微变，是否是泄漏导致刀库气缸气压较低而无法将刀库推到位，检查刀库前后接近开关及挡块是否松动，检查是否是刀库固定板螺钉松动导致刚度较差，检查主轴是否准确回到换刀点，检查主轴准停位置是否偏移（主轴准停传感器或主轴编码器信号是否不通）。

（10）故障现象　换刀时刀库乱刀。

由于自动换刀是通过记忆数据表中的数据进行换刀的，如果系统PMC参数丢失或换刀装置拆修后，系统就会出现换刀过程中乱刀或不执行换刀动作的故障。此时应当恢复系统参数和换刀机械动作，然后对刀库的数据表进行初始化。

阅读课堂

铸锻铣一体化3D打印数控机床

西方发达国家在数控机床的核心技术和研发方面具有较高水平，面对西方对数控机床技术的垄断局面，中国科研人员不畏艰难，经过15年的努力，成功研发出铸锻铣一体化3D打印数控机床。这项尖端技术的研发由华中科技大学的张海鸥教授领衔研发团队完成。他们巧妙地将铸造、锻造、铣削和3D打印等多种工艺融合在一起，设计出一台集成了多种加工技术的先进制造设备。相比传统的数控机床，这台铸锻铣一体化3D打印数控机床不仅大幅节约了加工时间和劳动力成本，还提供了更高的制造效率和精度。铸锻铣一体化3D打印技术所生产的产品具有特有的组织通体细晶和基体高强韧等特点，可为未来超高速、长寿命地面交通装备制造提供全新方案，关系到基础制造产业安全与国家战略安全，因此商务部、科技部调整发布《中国禁止出口限制出口技术目录》，铸锻铣一体化金属3D打印技术被列入限制出口目录。

项目7

辅助装置故障诊断与维修

7.1 任务1 气动系统的故障诊断及维修

7.1.1 任务引入

一、故障现象

FANUC 0i-MD 数控系统加工中心出现刀具不能夹紧的故障，在连续加工过程中降低了该数控机床生产率。

二、故障调查

1）刀具不能夹紧。

2）夹紧刀具时常常掉刀。

三、维修前准备

1）技术手册：参数手册、维修手册、操作手册等。

2）测量工具：万用表，示波器等。

3）螺钉旋具、六角扳手等。

7.1.2 任务分析

图 7-1 所示为立式加工中心主轴刀具夹紧机构的辅助控制回路和 I/O 接口图，其工作原理如下：

1）由 CNC 程序执行主轴刀具夹紧 M71/松开 M72 指令，CNC 对 M71、M72 进行二进制译码处理，结果分别存放于 PMC 地址 R748.7 和 R749.0。

2）执行主轴刀具夹紧/松开控制。当 PMC 判定机床主轴已停止运转（R664.3 = 1）时，主轴刀具的夹紧请求信号 R664.5 = 1→PMC 向机床侧输出信号 Y2.1 = 1→线圈 RY02 得电驱动电磁阀 YV10B 动作→刀具夹紧机构的气缸上腔无气体→在碟形弹簧的恢复力下，拉杆、钢球和活塞退回原位（钢球式夹紧机构）或拉杆退回，使卡爪由张开变为闭合（卡爪式夹紧机构）→拉钉被向上拉紧→刀柄与主轴锥孔紧密配合→主轴刀具被夹紧。

同理，刀具松开请求信号 R664.4 = 1→PMC 向机床侧输出信号 Y2.2 = 1→线圈 RY03 得电驱动电磁阀 YV10A 动作→刀具夹紧机构的气缸上腔通入气体，气缸的活塞推动拉杆向下移动→碟形弹簧被压缩，钢球进入主轴锥孔上端槽内（钢球式夹紧机构）或拉杆前进，使卡爪张开（卡爪式夹紧机构）→松开拉钉→主轴刀具被松开。

3）PMC 向 CNC 发送刀具夹紧/松开完成信号。主轴刀具夹紧/松开到位后，对应的到位检测开关 LS-10B/LS-10A 点亮（夹紧到位时 X8.6＝1，松开到位时 X8.7＝1），信号延时确认有效后 PMC 向 CNC 发送 M71/M72 代码执行完毕信号 G5.0，同时机床主轴夹刀/松刀指示灯 HL20 点亮（Y42.5＝1）。

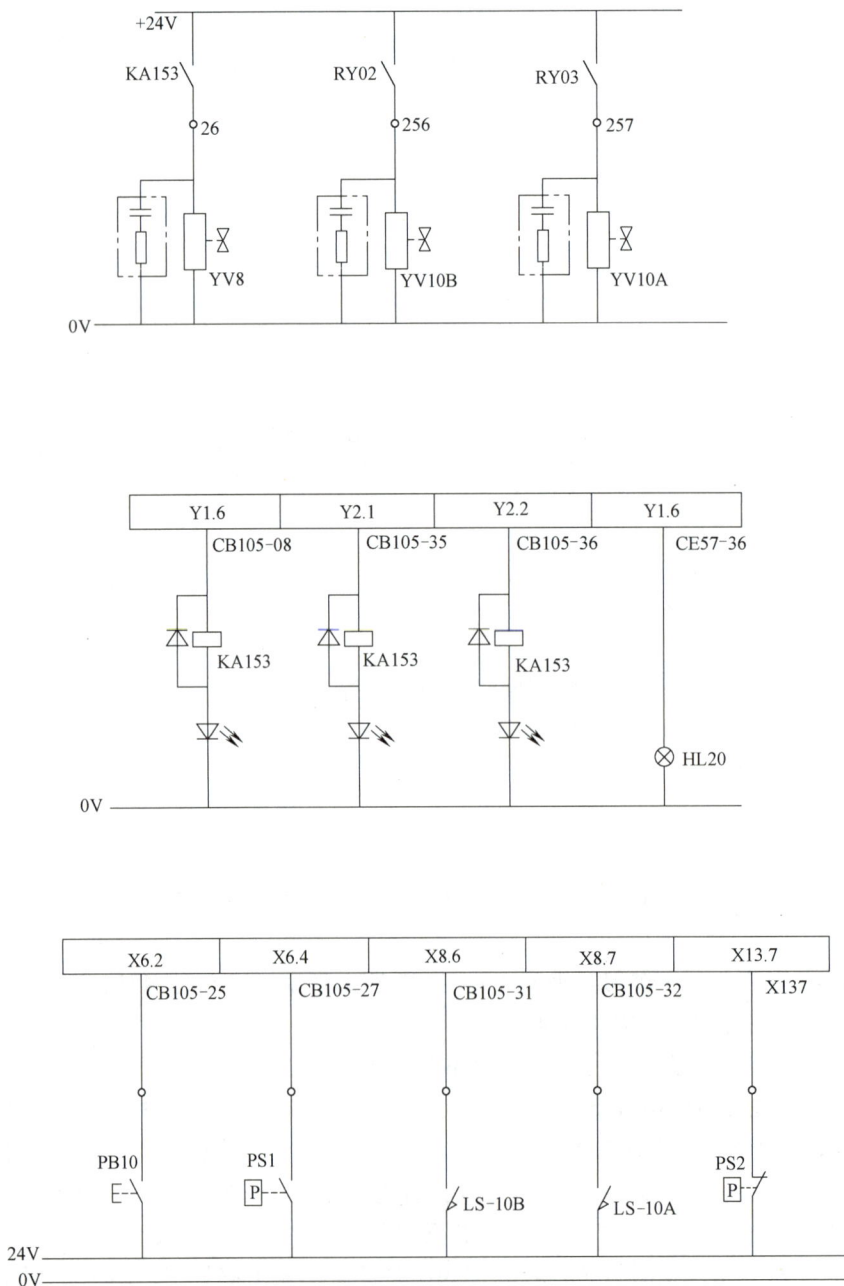

图 7-1　立式加工中心主轴刀具夹紧机构的辅助控制回路和 I/O 接口

一、松刀/夹刀气动原理图分析

1. 气动元件认知

（1）气源装置（图7-2） 气源装置为启动系统提供了一定质量要求的压缩空气，它是启动系统的一个重要组成部分。气动系统对压缩空气的主要要求：具有一定压力和足够的流量，同时要保证其清洁度和干燥度。

图 7-2 气源装置

1—空气压缩机 2—冷却器 3—除油器 4—储油罐 5—干燥器
6—过滤器 7—储气罐 8—输油管路

气源装置主要由以下几部分组成，见表7-1。

表 7-1 气源装置的组成

组 成 部 分	图 示
1. 空气压缩机 功用:将机械能转变为气体压力能的装置，是启动系统的动力源 分类:活塞式、膜片式、螺杆式，其中气压系统最常使用的机型为活塞式压缩机 在选择空气压缩机时，其额定压力≥工作压力，其流量应等于系统最大耗气量并考虑管路泄漏等因素	
2. 冷却器 功用:将压缩机排出的压缩气体温度由120~150℃降至40~50℃，使其中水汽、油雾汽凝结成水滴和油滴，以便经除油器析出 分类:后冷却器一般采用水冷换热装置，其结构形式有列管式、散热片式、管套式、蛇管式、板式等，蛇管式冷却器最为常用	

（续）

组 成 部 分	图 示
3. 除油器 功用：分离压缩空气中凝聚的水分和油分等杂质，使压缩空气得到初步净化 分类：环形回转式、撞击折回式、离心旋转式和水浴式等	 a)　　　　b)
4. 干燥器 功用：为了满足精密启动装置用气要求，把初步净化的压缩空气进一步净化以吸收和排除其中的水分、油分及杂质，使湿空气变成干空气 分类：潮解式、加热式、冷冻式等	 1—干燥剂　2—冷凝水　3—冷凝水排水阀
5. 空气过滤器 功用：滤除压缩空气中的水分、油滴及杂质，以达到气动系统所要求的净化程度 安装：它属于二次过滤器，大多与减压阀、油雾器一起构成气源处理装置，通常垂直安装在气动设备入口处，进、出气孔不得装反，使用中注意定期放水、清洗或更换滤芯 选择：主要根据系统所需要的流量、过滤精度和容许压力等参数来选取空气过滤器	 a) 结构原理图　　　b) 图形符号 1—旋风叶子　2—滤芯　3—挡水板 4—存水杯　5—手动放水阀

（续）

组　成　部　分	图　　示
6. 气源处理装置 　　工作原理：压缩空气从输入口进入后，沿旋风叶子强烈旋转，夹在空气中的水滴、油滴和杂质在离心力的作用下被分离出来，沉积在存水杯底，而气体经过中间滤芯时，又将其中微粒杂质和雾状水分滤下，沿挡水板流入杯底，洁净的空气经出口输出	 1—过滤器　2—减压阀　3—油雾器

　　（2）控制装置　控制装置是用来控制压缩空气的压力、流量和流动方向的，以便使执行机构完成预定的工作循环，包括各种压力控制阀、流量控制阀和方向控制阀等。

　　各类气动控制装置元件的名称及工作特点见表7-2。

表7-2　气动控制装置元件的名称及工作特点

类别	名称	图形符号	工作特点
压力控制阀	减压阀		调整或控制气压的变化，保持压缩控制器减压后稳定需要值，又称为调压阀。一般与分水过滤器、油雾器共同组成气源处理装置。对低压系统则需用高精度的减压阀—定制器
	溢流阀		为保证气动回路的安全，当压力高过某一调定值时，实现自动向外排气，使压力回到某一调定范围内，起过压保护作用，也称为安全阀
	顺序阀		依靠气路中压力的作用，按调定的压力控制执行元件顺序动作或输出压力信号。与单向阀并联可组成单向顺序阀
流量控制阀	节流阀		通过改变阀的流通面积来实现流量调节。与单向阀并联组成单向节流阀，常用于气缸的调速和延时回路中
	排气消声节流阀		装在执行元件主控阀的排气口处，调节排入大气中气体的流量，用于调整执行元件的运动速度并降低排气噪声

（续）

类别		名称	图形符号	工 作 特 点
方向控制阀	换向型控制阀	气压控制换向阀		以气压为动力切换主阀,使气流改变流向,操作安全可靠,适用于易燃、易爆、潮湿和粉尘多的场合
		电磁控制换向阀	a) b)	用电磁力的作用来实现阀的切换以控制气流的流动方向。分为直动式和先导式两种 先导式结构应用于通径较大时,由微型电磁铁控制气路产生先导压力,再由先导压力推动主阀阀芯实现换向,即电磁、气压复合控制
		机械控制换向阀	a) b) c)	依靠凸轮、撞块或其他机械外力推动阀芯使其换向,多用于行程程序控制系统,作为信号阀使用,也称为行程阀
		人力控制换向阀	a) b) c)	分为手动和脚踏两种操作方式

（续）

类别	名称	图形符号	工 作 特 点
方向控制阀	单向阀（单向型控制阀）		气流只能沿一个方向流动而不能反向流动
	梭阀		两个单向阀的组合,其作用相当于"或门"
	双压阀		两个单向阀的组合结构形式,作用相当于"与门"
	快速排气阀		常装在换向阀与气缸之间,它使气缸不通过换向阀而快速排出气体,从而加快气缸的往返运动速度,缩短工作周期

（3）执行装置 气动执行装置是将压缩空气的压力能转变为机械能的装置,包括气缸和气马达,其中实现直线往复运动和做功的是气缸,实现旋转运动和做功的是气马达。

执行装置各元件的特点见表7-3。

表7-3 执行装置各元件的特点

类别	名 称	特 点
气缸	普通气缸	压缩空气作用在活塞右侧面积上的作用力,大于作用在活塞左侧面积上的作用力和摩擦力等反向作用时,压缩空气推动活塞向左移动,使活塞杆伸出。反之,压缩空气推动活塞向右移动,使活塞和活塞杆缩回到初始位置。在气缸往复运动的过程中,推（或拉）动机构做往复运动
	无活塞杆气缸	工作时,膜片在压缩空气作用下推动活塞杆运动
	膜片气缸	在压缩空气作用下,活塞-滑块机械组合装置可以做往复运动
	增力气缸	增力气缸综合了两个双作用气缸的特点,即将两个双作用气缸串联连接在一起,形成一个独立执行元件
气马达	气马达	当压缩空气从左气口进入气室后立即喷向叶片,作用在叶片的外伸部分,产生转矩带动转子做顺时针方向的旋转运动,输出旋转的机械能,废气从中间气口排出,残余气体则从右气口排出;若左、右气口互换,则转子反转,输出相反方向的机械能。转子转动的离心力和叶片底部的气压力、弹簧力使得叶片紧密地抵在气马达的内壁上,以保证密封,提高容积效率

（4）辅助装置 辅助装置各元件见表7-4。

2. FANUC加工中心气动原理图分析

图7-3所示为FANUC数控加工中心气动系统原理图,该气动系统主要实现加工中心的自动换刀功能,在换刀过程中实现主轴定位、主轴松刀、拔刀、向主轴锥孔吹气排屑和插刀动作的自动循环过程。

图7-3所示回路是利用压力继电器控制电磁阀换向来实现夹刀/松刀动作的回路。电磁铁YV8得电,电磁阀2的左位接入回路,主轴吹气,吹掉铁屑和污物。当YV10A得电时,电磁阀6左位接入回路气体进入气缸C的下端,系统回路完成刀具夹紧工作;当YV10B得电时,电磁阀右位接入回路,气体进入气缸B的上端,气缸B的活塞杆推动气缸C的活塞杆完成松刀动作。

表 7-4　辅助装置各元件

元　件	图　示
1. 消声器　气缸、气阀等工作时排气速度较高,气体体积急剧膨胀,会产生刺耳的噪声。噪声的强度随排气速度、排气量和空气通道的形状而变化。排气的速度和功率越大,噪声也越大,一般可达 100 ~ 130dB。为了降低噪声,可以在排气口装设消声器	 1—连接套　2—消声套　3—端口
2. 气液转换器　用于将气动调节仪表或气动手动操作器的输出信号转变为液压信号,驱动液动执行机构动作。液动执行器具有功率大、刚性好、动态响应快等特点	

图 7-3　气动系统原理图
1—溢流阀　2、4—电磁阀　3、5—单向节流阀　6—两位三通电磁阀　7、8—消声器

二、硬件故障分析

通过对刀库及主轴的结构分析，本项目的刀库系统气缸实现斗笠式刀库沿导轨的移动，主轴气缸实现换刀时刀柄的松开与夹紧。气压系统是刀库移动和主轴拉刀的动力源，给换刀动作提供一定的压力。当控制元件，如溢流阀、换向阀、电磁阀等出现堵塞、损坏等故障时，可能会导致系统无压力或压力不稳定，刀库、主轴无法动作。另外，刀库及主轴的气管、油管在长期移动拉扯过程中容易在接口处破裂，从而出现泄漏、压力不足等情况。气管、油管接口处采用扩孔连接，一旦气、液管的端口没有达到扩孔的精度要求，必然出现泄压、漏油故障，导致因夹持力过大或者过小而无法正常拔刀，刀库、机械手无动作或动作不到位。调压弹簧松动或者溢流阀严重泄漏，都会造成回路油压过低，从而导致刀库、机械手动作缓慢和拔刀无力。因此，需重点检测气缸、法兰连接处或气管泄漏导致的气压压力不足故障。

此外，气缸的压力冲击还会造成刀库、换刀机构的振动和噪声。调节缓冲节流口的直径，可以使换刀机构的旋转平稳性和刀位准确性得到一定程度的改善，但是变速瞬间换刀机构的振动是不能够消除的。气压冲击是造成换刀机构的振动和噪声的主要原因。在气压系统中，突然打开或关闭气流通道时，管道内液体的压力会瞬间产生急剧的波动。气压冲击会引起振动和噪声以及气体泄漏，影响系统的正常工作。以刀库气缸为例，在刀库推至主轴下方换刀处的到位瞬间，刀库在缓冲作用下运动速度没有减到零，但这时限位元件已检测到到位信号，在检测信号的控制下电磁换向阀移到中位，两个气控单向阀形成锁紧回路。当换向阀移到中位时，进、出油气口与气缸的两腔突然切断，而这时刀库和气流在惯性的作用下还在继续运动，使得气缸一端气腔中的气体受到压缩，压力突然升高，而另一端气腔中的压力下降，形成了局部真空，从而产生了气压冲击。

根据上述结构分析，将本项目故障机床的气、液系统可能出现的故障分类为刀库气缸故障和主轴液压缸故障，其故障树和故障列表列于图 7-4 和表 7-5 中。

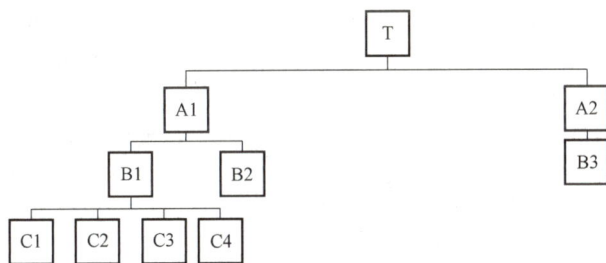

图 7-4 气、液压引起换刀故障分析故障树

表 7-5 气、液压引起换刀故障列表

符 号	内 容	符 号	内 容
T	气液系统故障	B3	气泵损坏
A1	刀库气缸系统故障	C1	气缸拉毛或研损
A2	主轴液压缸系统故障	C2	密封圈损坏
B1	气缸漏气导致气压不足	C3	阀类零件漏气
B2	节流阀卡死	C4	管类零件漏气

三、故障定位

我们知道，夹紧刀具是加工中心加工换刀时必要的步骤，特别是在工件加工内容较多时，需要经常性地更换刀具，以实现不同工序的加工。如机床自身出现问题或者加工中出现一些异常，都会造成不能夹紧刀具的现象发生。造成立式加工中心刀库卡刀故障的原因有很多，常见的有动能切断，就是俗称的突然停电，或者气压不足，刀具无法正常拔下等外在因素。

根据多年维修经验，刀具无法夹紧的原因主要集中在打刀缸故障上，具体如下：

1）气缸损坏，不能使拉杆收回。

2）气管泄漏导致气压不足。

3）气动系统中控制元件损坏，造成控制精度不够。

7.1.3　任务实施

1）使设备各点回原点，如图 7-5 所示，调到进给状态，将 Z 轴降到人可以手拿到刀的位置，调整到手轮状态，左手拿刀，右手按松刀键，将刀取下，人不要站在防护板上，手要拿稳刀，防止刀具坠落。

2）将后面主轴吹气气动电磁阀（图 7-6）取下，防止测量时吹气影响测量精度，记住取出的位置，在测量完后将其安装回原位。

图 7-5　加工中心主轴回零

图 7-6　气动系统控制阀

3）安装刀模。将磁性百分表固定在滑台上，调整表方向，使表头打在刀模下端面上，将表调到零位，拉动表头看指针是否回零，如图 7-7 所示。

4）调到手轮状态，一人顶住刀模，一人按松刀按钮。顶刀模的人力度要均匀，使刀模

图 7-7 安装测量装置

顺着打刀缸的力下行而刀模又不能离开主轴，如图 7-8 所示。

5）观察百分表读数，在 0.55~0.70mm 范围内为正常。

6）如果正常就恢复气阀，如果不在 0.55~0.70mm 范围内则需要对打刀缸进行调整，使其到达正常数值。

7.1.4 任务评估

项目结束，请各小组针对故障维修过程中出现的各种问题进行讨论，罗列出现的失误，总结在今后的学习和操作过程中如何更好地发挥团队精神、如何提高水平及效率，并填写故障记录表及项目评估表，见附表 1 和附表 2。

图 7-8 手动拔刀

7.2 任务 2 液压系统的故障诊断及维修

7.2.1 任务引入

一、故障现象

液压夹紧装置不能夹紧。

二、故障调查

机床经长期工作和运行后，执行元件（单活塞杆液压缸）快速运动时工作正常，转为工进时即开始出现爬行现象。油箱油液状况正常，液压缸工作压力无明显变化。

三、维修前准备

1）技术手册：参数手册、维修手册、操作手册等。

2）测量工具：万用表、示波器等。

3）螺钉旋具、六角扳手等。

7.2.2 任务分析

液压夹紧装置不能夹紧主要是因为液压系统出现爬行故障。为了避免大量盲目的拆卸，提高效率，减少备件的浪费，对引起机床爬行现象的各种原因进行了系统归纳，结合所面对的具体情况，采用逐项排除的方法，可快速准确地解决问题。其过程如下。

一、液压系统油液中混有空气导致爬行故障

混入液压系统的空气以游离的气泡形式存在于液压油中，油液的可压缩性急剧增加，执行元件负载的波动使油液压力脉动，导致气体膨胀或收缩而引起液压缸进油明显变化，表现出低速时忽快忽慢，甚至时断时续的爬行现象。液压系统混入空气时可从以下两种情况进行考虑。

1. 液压泵连续进气

产生这种故障的原因有：液压泵吸油侧油管接头螺母松动而吸气；密封元件损坏或密封不可靠而进气；油箱内油液不足，油面过低，吸油管在吸油时因液面波浪状导致吸油管端间断性露出液面而吸入空气；吸油过滤器堵塞使吸油管局部形成气穴现象等。

2. 液压系统中存有空气

产生这种故障的原因主要有三种：一是液压系统装配过程中存有空气；二是系统个别区域形成局部真空；三是液压系统高压区有密封不可靠或外泄漏处，工作时表现为漏油，不工作时则进入空气。

二、滑动副摩擦阻力不均导致爬行故障

1. 导轨面润滑条件不良导致爬行故障

执行元件低速运动时润滑油油楔作用减弱，油膜厚度减小。这时如润滑油选择不当或油温变化导致润滑性能差、润滑油稳定器工作性能差或压力与流量调整不当、润滑系统油路堵塞等，均可使油膜破裂程度加剧。导轨面刮点不合要求、过多或过少等，都会造成油膜破裂，形成局部或大部分的半干摩擦或干摩擦，从而导致爬行。而后一种情况主要发生在新设备上。

2. 机械锁死

运动部件几何精度发生变化、装配精度低均会导致摩擦阻力不均，容易引起液压缸爬行。例如，液压缸活塞杆弯曲，液压缸与导轨不平行，导轨或滑块的压紧块（条）夹得太紧，活塞杆两端螺母旋得太紧，密封件过盈量过大，活塞杆与活塞不同轴，液压缸内壁或活塞表面拉伤，这些情况都是引起这类故障的原因。有的表现为液压缸两端爬行逐渐加剧，如活塞杆与活塞不同轴；有的表现为局部压力升高，爬行部位明显，如液压缸内壁或活塞表面拉伤等。

三、液压元件内漏或失灵

在液压系统中，某个元件磨损、堵塞、卡死等，也会造成低速爬行。在对机床进行维修时，主要从以下几方面考虑。

1）调速阀中差式减压阀阀芯被卡失灵，调速阀所调节的流量稳定性就无法保证，甚至出现周期性的脉动；节流孔的堵塞现象也是典型的引起流量周期性脉动的因素，最后导致低速时的爬行。因此，首先对调速阀进行拆卸、清洗，直至更换一个新阀进行调试，爬行现象都没有消除，说明不是调速阀的问题。

2）单向行程阀故障。单向行程阀若因磨损而关闭不严，低速时则会对液压缸回油流量有较大影响，负载波动时使压力变化，造成单向行程阀内漏量忽大忽小，引起液压缸运动速度忽快忽慢，最后导致低速时的爬行。为此，将单向行程阀拆下，使液压缸工进，观察阀的出油口无漏油，说明不是单向行程阀关闭不严。

3）液压缸的内漏问题。将液压缸活塞杆伸出至终点位置，然后卸下终点处回油管，放净有杆腔中的液压油，使液压缸无杆腔进油，观察有杆腔出油口处向外滴淌油液，说明液压缸中存在内漏。拆卸液压缸，检查发现活塞上密封圈已失效，更换密封圈后装好液压缸及其他元件，仔细检查液压系统后重新启动液压泵，爬行现象消除。

7.2.3　故障定位

液压缸爬行故障中问题最多、影响安全、污染环境的是外泄问题。液压缸的外泄漏主要是密封件损坏、缸筒与端盖结合部密封不良及进油管漏油等引起的。

7.2.4　任务实施

图7-9所示为单杆液压缸结构图，其拆卸过程如下：

1）拆卸时应防止损伤活塞杆顶端螺纹、油口螺纹和活塞杆表面、缸套内壁等。为了防止活塞杆等细长件弯曲或变形，放置时应用垫木支承均衡。

2）拆卸液压缸之前，应使液压回路卸压。否则，当把与液压缸相连接的油管接头拧松时，回路中的高压油就会迅速喷出。液压回路卸压时应先拧松溢流阀等处的手轮或调压螺钉，使压力油卸荷，然后切断电源或切断动力源，使液压装置停止运转。

3）拆卸时要按顺序进行。由于各种液压缸结构和大小不尽相同，拆卸顺序也稍有不同。一般应先放掉液压缸两腔的油液，然后拆卸缸盖，最后拆卸活塞与活塞杆。在拆卸液压缸的缸盖时，对于内卡键式连接的卡键或卡环要使用专用工具，禁止使用扁铲；对于法兰式端盖必须用螺钉顶出，不允许锤击或硬撬。在活塞和活塞杆难以抽出时，不可强行打出，应先查明原因再进行拆卸。

拆卸过程中应注意以下问题。

1）预卸前后要设法创造条件，以防止液压缸的零件被周围的灰尘和杂质污染。例如，拆卸时应尽量在干净的环境下进行；拆卸后所有零件要用塑料布盖好，不要用棉布或其他工作用布覆盖。

2）液压缸拆卸后要认真检查，以确定哪些零件可以继续使用，哪些零件可以修理后再用，哪些零件必须更换。

3）装配前必须对各零件进行仔细清洗。

图 7-9 单杆液压缸结构图

1—缸底 2—溢流阀 3、10—法兰 4—密封圈 5—导向环 6—缓冲套 7—缸筒
8—活塞杆 9、13、23—O 形密封圈 11—缓冲节流阀 12—导向套 14—缸盖
15—斯特圈密封 16—防尘圈 17—Y 形密封圈 18—缸头 19—护环 20—V 形密封圈
21—活塞 22—导向环 24—无杆端缓冲套 25—连接螺钉

4）要正确安装各处的密封装置。

① 安装 O 形密封圈时，不要将其拉到永久变形的程度，也不要边滚动边套装，否则可能因形成扭曲状而漏油。

② 安装 Y 形和 V 形密封圈时，要注意其安装方向，避免因装反而漏油。对 Y 形密封圈而言，其唇边应对着有压力的油腔；此外，还要注意区分是轴用还是孔用，不要装错。V 形密封圈由形状不同的支承环、密封环和压环组成，当压环压紧密封环时，支承环可使密封环产生变形而起密封作用，安装时应将密封环的开口面向压力油腔；调整压环时，应以不漏油为限，不可压得过紧，以防密封阻力过大。

③ 密封装置如与滑动表面配合，装配时应涂以适量的液压油。

④ 拆卸后的 O 形密封圈和防尘圈应全部换新。

5）拧紧螺纹连接件时应使用专用扳手，扭紧力矩应符合标准要求。

6）活塞与活塞杆装配后，须设法测量其同轴度和在全长上的直线度是否超差。

7）装配完毕后移动活塞组件时应无阻滞感和阻力大小不匀等现象。

8）安装液压缸时，进、出油口接头之间必须加上密封圈并紧固好，以防漏油。

9）按要求装配好后，应在低压情况下进行几次往复运动，以排除缸内气体。

7.2.5 任务评估

项目结束，请各小组针对故障维修过程中出现的各种问题进行讨论，罗列出现的失误，总结在今后的学习和操作过程中如何更好地发挥团队精神如何提高水平及效率，并填写故障记录表及项目评估表，见附表 1 和附表 2。

7.3　任务3　润滑系统的故障诊断及装调

7.3.1　任务引入

一、故障现象

系统为 FANUC 0i-MD 的加工中心在开机回参考点时，X 方向正常，Z 方向反走，并且速度很慢，但手动及手摇均正常。

二、故障调查

系统为 FANUC 0i-MD 的加工中心，春节长假后上班，开机回参考点时，X 方向正常，Z 方向反走，并且速度很慢，但手动及手摇均正常。

三、维修前准备

1）技术手册：参数手册、维修手册、操作手册等。

2）测量工具：万用表等。

3）螺钉旋具、内六角扳手等。

7.3.2　任务分析

现代机床的润滑系统一般由润滑泵、油量分配器、分配系统、滤油器、电子程控器和压力开关等组成，应用于数控机床上干摩擦的部位，使相对运动的两接触面间形成润滑膜以达到减少摩擦、降低耗损和延长使用寿命的目的。

数控机床频繁地发生故障会影响产品的数量和质量。一般说来，为了使机床达到高的附加价值，必须对机床保养、点检、故障诊断等做有效的、复杂的工作；同时必须对出现的故障进行广泛的研究，探索故障发生的规律并采取有效措施，积累数据，建立故障的排除方法。

当前的 CNC 系统，无论是哪个公司生产的，都不能自动诊断出发生故障的确切原因，往往同一报警号可以有多种起因，不可能将故障范围缩小到具体的某一部件。所以，有时自诊断出系统的某一部分有故障，究其原因，却不在数控系统，而是在机械部分。而机械设备故障中 40% 以上与润滑有关，为了保证数控机床机械部件的正常运行，减少机械摩擦，减少机械部件磨损严重而引起的机床故障，应保证机床的润滑。润滑质量提高，可以增加数控机床机械故障的平均无故障时间。因此，要经常检查润滑装置、润滑泵的排油量、润滑油油位、润滑油油质及润滑效果，如检查润滑油管路是否损坏，管接头是否有松动、漏油现象。若发现异常，应及时排除。图 7-10 所示为加工中心润滑系统连接图。

春节长假后上班，发现一台系统为 FANUC 0i-MD 的加工中心开机回参考点时，X 方向正常，Z 方向反走，并且速度很慢，但手动及手摇均正常。该加工中心没有出现任何报警信息，说明快速移动参数设置是正确的。打开诊断参数检查 Z 轴"回参考点减速信号"，发现该信号在机床执行"回参考点"指令以前就为"0"；而 X 轴的减速信号为"1"，说明减速信号断线或减速信号行程开关的常闭触点压下没有复位。拆下轴"回参考点减速信号"行程开关检查发现，行程开关里浸满了润滑油，致使行程开关的常闭触点压下后没能自动弹

图 7-10 加工中心润滑系统连接图

起，因此机床在执行"回参考点"指令时就以搜索速度进给。

经询问操作者得知，这台加工中心主要用于实训教学，加工的工件是石蜡，而采用的润滑油是 45 号机油。夏天时气温较高，在操作过程中，这种混入石蜡的机油慢慢渗进了行程开关里。到了冬天，因为气候寒冷，所以石蜡就凝固了，导致行程开关的常闭触点压下后不能自动弹起。检修时按规定更换合格的润滑油，清洗行程开关及导轨后，故障排除。

7.3.3 故障定位

1）润滑油中混入絮状物卡住了液面复位开关，使其开路。

2）润滑油质量不合格。

3）导轨润滑出油孔堵塞。

4）单线阻尼式润滑系统的计量件与容积式润滑系统计量件混装，导致润滑系统压力不能建立。

5）润滑油量不足。

7.3.4 任务实施

一、润滑系统认知

1. 单线阻尼系统（SLR 系统）

该系统（图 7-11）是美国 BIJUR 润滑公司开发的一种低压润滑系统，工作压力为 $0.17\sim1.4$ MPa，用于油（黏度范围 $20\sim750$ mm^2/s）集中润滑，是各种机械的最佳润滑系统。其特点如下：

图 7-11　单线阻尼系统（SLR 系统）

1）润滑油都经过润滑泵中的滤油器过滤，过滤精度为 40μm。

2）润滑点供油量由计量件（或控制件）控制，可按事先确定的油量比例精确供油，与润滑点距离润滑泵的远近无关，油量控制比可达 1：128。

3）分配系统可使油路在任何一处分流，以使系统中每个润滑点均得到供油。系统可设润滑点 1~50 处。

4）管路压力损失小，润滑点可设置在被润滑设备的任何位置。

5）采用压力供油，分配到各润滑点的油与温度、黏度变化无关。

6）独特的 BIJUR 密封设计，可有效防止接合处润滑油的泄漏。

7）整个系统结构紧凑，安装空间小。

8）适用于滚动轴承、滑动轴承、齿轮、链条、凸轮、导轨等各类运动副的润滑。

① 周期润滑系统。周期工作的润滑泵，通过计量件将润滑油按比例分配到各个润滑点，实现周期润滑。

② 连续润滑系统。连续工作的润滑泵，通过控制件将润滑油按比例地分配到各个润滑点，实现连续润滑。

2. 容积式润滑系统（PDI 系统）

该系统（图 7-12）是美国 BIJUR 公司开发的另一种周期自动集中润滑系统，可按需要对润滑点精确地定量供油，供油量由定量注油件（PDI）控制，最小供油量每次为 0.025mL，最大供油量每次为 0.4mL。其润滑点数与供油量调整方便，润滑油黏度范围为 $10 \sim 1400mm^2/s$，工作压力为 $1.75 \sim 3.5MPa$，过滤精度为 $25 \sim 40\mu m$，适用于中小型设备，尤其是要求供油精确的设备。

3. 喷雾冷却润滑系统

该系统（图 7-13）是美国 BIJUR 公司开发的另一种先进的冷却兼润滑系统，由周期工作的气动喷雾润滑泵（如 K2000C）提供的润滑油和压缩气体在喷嘴处汇合，对运动副进行喷雾冷却、湿润，也可通过油量分配器对需润滑点进行周期润滑。调节喷嘴可控制喷雾状态，使喷雾细密、湿润、均匀、注油精确，尤其对复杂且集中的润滑表面，有独特的优点。该系统广泛地应用于深孔加工刀具的冷却，以及齿轮、轴承、传送链以及挤压机械的喷雾润滑。

图 7-12　容积式润滑系统（PDI 系统）

图 7-13　喷雾冷却润滑系统

4. 递进式润滑系统（PRG 系统）

该系统（图 7-14）是美国 BIJUR 公司开发的一种先进的润滑系统，适用的润滑油的黏度范围为 $20 \sim 1600mm^2/s$，压力范围为 $1 \sim 6MPa$，排量范围为 $0.05 \sim 20mL/次$，排量精确并可通过短接出油口的方式加以调整。该系统能按设备的需要，进行周期供油或近似于连续地供油，润滑点可在 200 个以内选择，结构紧凑，每个出油口的排量主要取决于递进式分油器内部结构（即活塞行程与截面积）。系统供油时，递进式分油器中一系列活塞按一定的顺序做差动往复运动，各出油点按一定顺序依次出油。该系统的另一特点：可配备给油指示杆和堵塞报警器，对整个系统进行监控，不会遗漏润滑点，可直观地反映活塞的运动情况。一旦系统堵塞，或某点不出油，该指示杆便停止运动，报警装置立即发出报警信号。该指示杆的运动还可通过控制器，实现计时或计数。该系统广泛应用于各种大型、中型、小型以及重型机械设备上。

图 7-14　递进式润滑系统（PRG 系统）

二、清理与润滑机床

使用机床前，须将所有的保护涂层除去。在保护涂层尚未除去之前，切勿移动工作台、十字滑台和主轴头。请谨慎选用适当的清洁剂，用清洁刷涂抹石碴油，使保护涂层软化，然后可用清洁的抹布将涂层擦掉。具体的注意事项如下：

1）请勿使用汽油或任何可燃性溶剂去清洁机床。

2）清洁并润滑工作台、十字滑台和底座及所有外露的滑轨。移动工作台、十字滑台及各活动组件至行程一端的尽头，彻底清洁导轨；同样，将所有活动组件移至行程另一端的尽头，彻底清洁与润滑导轨。确定使用适当的润滑油，如 Sunoco Waylube#1180 或 Mobil Vactra Oil#200。

3）在机床正常供电前，此项工作必须完成。

根据自动润滑原理图进行加工中心机床润滑系统连接，图 7-15 所示位置为润滑油管管路，通过查看各轴的润滑系统连接图，可知各轴润滑管路的安装位置和工作过程。

其他润滑部位和方法如下：

1）主轴轴承：主轴前支撑轴承和后支撑轴承，内装高速轴承润滑脂，只有在进行主轴维修或更换时，才需要更换。

接X轴滚珠丝杠

接十字滑台

工作台左视图(X轴)

工作台后视图(X轴)

工作台前视图(X轴)

接Y轴滚珠丝杠

十字滑台正视图(Y轴)

接至工作台

十字滑台底部视图(Y轴)

连接十字滑台

连接到主轴头

连接到Z轴滚珠丝杠

连接到润滑油器

图 7-15　润滑油管管路

2）同步带：主轴编码器齿轮与主轴齿轮用同步带连接，注意此同步带不要沾油，同步带沾油会影响同步带的寿命。

3）X、Y、Z轴滚珠丝杠支撑轴承用油脂润滑，一般每三年更换一次2号特种油脂。

4）链条：在重锤和主轴箱之间的两条专用链条采用脂润滑，三个月润滑一次，以保证Z坐标平稳工作。

三、润滑系统维修保养

在正常的操作温度下，检查所有润滑系统的接合是否良好，如发现漏油现象，应将漏油处重新旋紧，每日应检视油位是否正常。每天操作机床前请检视油槽内油量，如油量不足，请添加下列润滑油，见表7-6。

表 7-6　润滑系统日常维护

润滑源	检查周期	方法	油箱容量	适用的油品
自动润滑单元	低油位发讯时	加油至油表上限	1.8L	HL32 液压油

在操作 50h 后，应检查所有润滑管路上的接合点，特别是管与管连接的地方。之后，可每 200h 后检查一次。为了增大机床的效能，机床在使用三个月之后，其主轴头的精度必须再加以调整。此后，可每半年到一年调整一次，以保持机床的最佳精度。

7.3.5　任务评估

项目结束，请各小组针对故障维修过程中出现的各种问题进行讨论，罗列出现的失误，总结在今后的学习和操作过程中如何更好地发挥团队精神、如何提高水平及效率，并填写故障记录表及项目评估表，见附表 1 和附表 2。

7.4　任务4　其他辅助装置的故障诊断及装调

7.4.1　任务引入

一、故障现象

某 FANUC 0i-MD 数控系统加工中心不能喷出切削液，排屑也无法正常运行。

二、故障调查

1）切削液不能喷出，控制面板上的冷却按钮灯不亮，没有报警显示。

2）无切削液喷出，控制面板上的冷却按钮灯亮，冷却电动机不转，冷却泵不转，机床无任何报警现象。

3）FANUC 0i-MD 数控系统加工中心的刮板式排屑器不运转，无法排除切屑。

三、维修前准备

1）技术手册：参数手册、维修手册、操作手册等。

2）测量工具：万用表等。

3）螺钉旋具、内六角扳手等。

7.4.2　任务分析

一、冷却系统

机床的冷却系统由冷却泵、水管、电动机及控制开关等组成，冷却泵安装在机床底座的内腔里，冷却泵将切削液从底座泵出，经水管从喷嘴喷出，对切削部分进行冷却。冷却系统的核心是冷却电动机，其外形如图 7-16 所示，冷却系统的主电路如图 7-17 所示，接触器 KM4 起控制作用，热继电器 FR2 起过载保护作用。冷却电动机及其正常控制是冷却系统正常工作的基础。数控系统通过 PLC 程序输入点 Y1.1，控制中间继电器线圈 KA5 的通电（图 7-18），利用中间继电器触点的通断去控制接触器 KM4 的线圈得失电（图 7-19），进而控制冷却电动机的通断电。因此，冷却电动机控制电路是通过控制面板的冷却按钮及 PLC 程序控制实现的单按钮起停控制电路。

图 7-16 冷却电动机

图 7-17 冷却系统主电路

图 7-18 PLC 输出信号图

图 7-19 冷却泵局部控制电路

二、排屑装置

排屑装置是数控机床的必备附属装置，其主要作用是将切屑从加工区域排出数控机床之外。迅速、有效地排除切屑才能保证数控机床正常加工。排屑装置的安装位置一般都尽可能靠近刀具切削区域。例如，车床的排屑装置装在回转工件下方；铣床和加工中心的排屑装置装在床身的回水槽上方或工作台边侧位置，以利于简化机床或排屑装置结构，减小机床占地面积，提高排屑效率。排出的切屑一般都落入切屑收集箱或小车中，有的直接排入车间排屑系统。

三、故障分析

当出现本任务故障现象时，使用图 7-20 所示的快速方法对故障进行快速定位并排除。

1）开机后按下冷却按钮后，不能喷出切削液，冷却灯依然亮，系统上无任何故障报警。

采用图 7-20 所示的快速定位方法定位故障：机床开机后，按下冷却按钮，冷却灯亮，说明冷却系统的 PLC 部分工作正常，可排除 PLC 部分发生故障的可能，然后检测冷却电动机得电是否正常。用万用表测量主电路，主电路得电，说明冷却电动机出现故障，检查冷却电动机绕组的阻值不正常，由此可判断电动机的线圈被烧坏。检查电动机部分，拆开电动机后发现电动机的线圈被烧，导致阻值不正常。更换电动机后，经过一段时间，电动机再次烧毁。经询问得知，本台加工中心长期未使用切削液，而使用的是自来水进行冷却，因此，可能是水垢的沉淀将切削液的管道或切削液槽与管道连接处堵塞，造成电动机过载，从而烧毁电动机。因此，应清理冷却系统，禁用自来水进行冷却，要用专业的切削液进行机床加工时的冷却。

2）FANUC 0i-MD 数控系统加工中心的刮板式排屑器不运转，无法排除切屑。

加工中心采用刮板式排屑器，加工中的切屑沿着床身的斜面落到刮板式排屑器中。刮板由链带牵引在封闭箱中运转，提升机构将废屑从切削液中分离出来，切屑排出机床，落入存屑箱。刮板式排屑器不运转的原因可能有以下几种。

图 7-20 快速定位方法流程图

① 摩擦片的压紧力不足。先检查碟形弹簧的压缩量是否在规定的数值之内，碟形弹簧自由高度为 8.5mm，压缩量应为 2.6~3mm，若在这个数值之内，则说明压紧力足够。如果压紧力不够，可均衡地调紧 3 只 M8 压紧螺钉。

② 若压紧后还是继续打滑，则应全面检查以查出原因。检查发现排屑器内有数只螺钉，其中有一只螺钉卡在刮板与排屑器体之间。将被卡住的螺钉取出后，故障排除。

③ 三相异步电动机长时间过载工作，导致电动机烧毁。

四、故障定位

1）冷却回路堵塞，造成冷却电动机过载，线圈被烧，导致按下冷却按钮后，不能喷出切削液。

2）刮板与排屑器体之间有异物卡住，导致排屑器不运转，无法排除切屑。

7.4.3　任务实施

一、冷却系统认知

1. 切削液的作用

在轴承加工过程中采用湿式加工，可以大大提高刀具切削能力，延长刀具的使用寿命，提高产品精度，降低废品率。湿式加工采用切削液的主要优点如下：

（1）润滑作用　切削液可以润滑刀具，提高刀具的切削能力。

（2）冷却作用　一定流量的切削液，可以将切削热带走，从而降低刀具的温度。

（3）冲屑作用　切削液可以将切屑冲刷掉，掉入排屑沟排走，同时沟槽内排屑也可以用切削液来实现水力排屑。

（4）降低工件表面粗糙度值　切削液将加工面的铁屑冲走，避免了铁屑划伤加工面，从而降低了表面粗糙度值。

（5）减少锈蚀　选用合适的切削液，可以防止工件、机床导轨锈蚀。

2. 切削液的使用和维护

（1）使用　配置（稀释）切削液就是按一定比例加水稀释。在稀释水基切削液特别是乳化液时应注意以下问题。

1）水质。一般情况下不宜使用超过推荐硬度的水，因为高硬度的水中所含有的钙、镁离子会使阴离子表面活性剂失效，乳液分解，出现不溶于水的金属皂。即使乳化液是用非离子表面活性剂制成的，大量的金属离子也可以使胶束聚集，从而影响乳化液的稳定。太软的水也不宜使用，用太软的水配置的乳化液在使用过程中易产生大量泡沫。

2）稀释。切削液的稀释关系到乳化液的稳定。使用切削液前，要先确定稀释的比例和所需乳化液的体积，然后算出所使用的切削液原液量和水量；稀释时，要选取洁净的容器，将所需的全部水倒入容器内，然后在低速搅拌下加入原液；配置时，原液的加入速度以不出现未乳化原液为准。注意原液和水的加入顺序不能颠倒。

（2）维护　为延长乳化液的使用寿命，除了选择合适质量的切削液并合理使用外，切削液的维护也是非常重要的。切削液的维护工作主要包括以下几项。

1）确保液体循环线路的畅通，及时排除循环线路的金属屑、金属粉末、霉菌黏液、切削液本身的分解物、砂轮灰等，以免造成堵塞。

2）抑制切削液（特别是乳化液）中细菌的生长至关重要，在切削液的使用过程中，要定期检查细菌含量，及时采取相应措施。

3）净化。要及时除掉切削液中的金属粉末等切屑及飘浮油，破坏细菌滋生环境。

4）定时检查切削液 pH 值，有较大变化时应采取相应措施。

5）及时补加切削液。由于切削液在循环使用过程中因飞溅、雾化、蒸发以及加工材料和切屑的携带，会不断消耗，因此要及时补加新液，以保证系统的循环液总量不变。

3. 切削液的净化

切削液的净化是将切削液中一定比例、相对较大的固体颗粒，从切削液中去除的过程。经过净化的切削液能够再用于机械加工中达到循环使用的目的。对切削液进行净化的优点主要表现在以下几个方面。

1）延长了切削液的更换周期。实践证明，净化后的切削液的更换周期可以大大延长。

2）延长了刀具及砂轮的使用寿命。近几年的研究表明，如果将切削液中的杂质（如碎屑、砂轮粉末等）从 $40\mu m$ 降低到 $10\mu m$ 以下，刀具（或砂轮）寿命可延长 1~3 倍。

3）减小工件表面粗糙度值，降低废品率。

4）延长了管路及泵组使用寿命，因为切削液中的固体颗粒等会加速管路及泵等部件的磨损。

4. 切削液的净化形式（见表7-7）

表 7-7　切削液的净化形式

形　式	图　示
沉淀箱 1）如右图 a 所示，在沉淀箱内设有隔除悬浮污物和浮油的分离挡板和隔板，切屑和固体污物则沉淀于箱底。经沉淀和隔离浮悬物和浮油的净化液，经隔板上方流入沉淀箱的净液存储部分。这种装置适用于净化各种切削液的切屑和磨屑，特别适合分离体积和比重大的切屑 2）右图 b 所示为另一种沉淀箱，它带有刮板链，可将沉淀于箱底的细切屑和固体污物刮出箱外，落入污物箱。它适合于水基切削液的集中冷却系统，特别适合于净化磨削铸铁时的磨削液，但对切屑细末、细粒子和高黏度的切削油的分离效果不好	 悬浮物　分离挡板　沉淀物　隔板　净化器 a) 普通沉淀箱 脏液入口　净化后输出 脏物传送带 b) 刮板式沉淀箱
磁性分离器 磁性分离器早已应用于磨削加工过程中净化磨削液，它利用磁性吸附原理，依靠连续转动的磁辊清除铁屑和其他导磁金属末。其分离过程：当脏的切削液流过缓慢旋转的磁辊吸附区域时，在磁场作用下磁性的固体粒子被磁化，吸附到磁辊表面，并被带出切削液流动区，经橡胶压辊挤压脱水，然后依靠贴着磁辊的刮板把磁辊上的磨屑刮下来。这种磁性分离器在分离出磁性的固体颗粒的同时，也能清除部分其他非磁性杂质。它适用于乳化液、水基合成液和低黏度切削液的净化	 入水口　橡胶压辊　磁辊　导屑板　集渣箱 导流板　出水口
离心分离器 离心分离器是依据切削液和切屑的比重差，通过分离器的高速回转产生离心力来分离切屑的，同样根据不同液体的比重差来分离油和水。其净化过程是带细末粒子的切削液由污液管进入转子内部，并随转子一起高速旋转，靠旋转而产生的离心力促使细末粒子被抛向壁周，净液从顶部溢出。当分离器转子内部切屑积聚过多时，要停止过滤，清理转子。分离器的性能是由其回转数、回转半径决定的。手动卸料和半自动卸料离心分离器可用于乳化液、合成液和低黏度切削液的净化。离心分离器分离精度高，但高速回转时易发生气泡，故不适合大容量分离	 污液　净液

（续）

形　式	图　示
涡旋分离器 　它能分离出切屑细末和细粒子,但不能分离出轻的污物和浮油。涡旋分离器原理如右图。其净化过程:带细末粒子的切削液沿着圆柱段内壁切向压入,并在圆柱段充分旋转,顺着内壁盘旋而下进入圆锥段分离区,在分离区其盘旋强度越往下越快,靠盘旋而产生的离心力,促使细末粒子被抛向壁周,而后细末粒子顺着内壁下落,由底部出口流出。作用于细末粒子的离心力往往是细末粒子自身重量的几倍至几十倍,所以细末粒子很易被抛出。圆锥体中心由于盘旋而形成一个空气柱,并在其相邻处出现低压区,促使净化过的切削液上升,从顶端的溢流口流出。这种分离器一般供给压力为 0.25～0.4MPa,出口压力为 0.04～0.06MPa,用来分离含切屑量大或含大切屑的切削液。为了防止圆锥体底部出口被堵塞,必须预先对切削液做重力沉淀或磁性分离处理。这种分离器适用于高速磨削、强力磨削、一般精磨加工中净化合成液、乳化液和低黏度油基切削液	 净化液出口 脏液入口　脏液出口

二、排屑系统认知

机床排屑器又称排屑机,是用来将金属切削机床切削下来的金属碎屑运送至一定位置的机器。

机床排屑器分为链板式除屑输送机、刮板式除屑输送机、磁性除屑输送机、螺旋式除屑输送机。各类型机床排屑器的特点见表 7-8。

表 7-8　机床排屑器和集屑车的特点

类型及特点	图　示
螺旋式排屑输送机 　本装置通过减速机驱动带有螺旋叶的旋转轴推动物料向前(向后),集中在出料口,落入指定位置。该排屑器结构紧凑,占用空间小,安装使用方便,传动环节少,故障率极低,尤其适用于排屑空间狭小、其他排屑形式不易安装的机床	

（续）

类型及特点	图　　　示
刮板式除屑输送机 　本装置的输送速度选择范围广,工作效率高,有效排屑宽度多样化,可提供充足的选用范围,如数控机床、加工中心、磨床和自动线,处理磨削加工中的金属砂粒、磨粒,以及汽车行业中的铝屑效果比较好。其刮板两边装有特制链条,刮板的高度及分布间距可随机设计,因而传动平稳,结构紧凑,强度好,并可根据用户需要加钢网反冲、刮屑器、涡流分离器、油水分离器等形成综合过滤系统,提高产品表面加工精度,节约切削液,降低工人劳动强度,是一种应用比较广泛的机床辅助装置	
集屑车 　集屑车用于收集各类排屑器从机床传送过来的各种切屑。其底部装有轮子,可将切屑送出工作场地,便于集中清理。集屑车分为干式与湿式两种,干式料箱可以倾斜,将切屑倒出即可;湿式料箱在干式基础上加双层滤网和放油阀,以便于切屑中的切削液与切屑分离,起到回收与环保作用,并可根据不同排屑量与用户要求,设计各种容积与功能不同的集屑车	

三、安装水箱与集屑箱

图 7-21 所示为水箱和集屑箱安装图,按照图进行水箱和集屑箱的安装,安装用零件见表 7-9。

1) 将水箱从机床正面底部放入,直到接触到机床的底座为止,从机床的两侧放入两个集屑盘到水箱上。

2) 连接泵的电源线,连接水管到泵的出水端与切削液喷嘴接点处。

3) 用管束将所有水管的连接处束紧。

4) 填充约 250kg 的切削液到水箱内,使切削液到适当液位。

四、检验水箱与集屑箱

通常,冷却装置和排屑装置是联合在一起安装的,因为它们在工作时是密不可分的。切削液通过冷却管喷出后从排屑器底部经过过滤返回到冷却装置的容积箱内,再由冷却泵输送到管路中。在一些数控机床中,特别是有电主轴的数控机床,切削液还要经过制冷装置被冷却降温后再经精过滤器进入电主轴内部,对电主轴进行冷却后再返回切削液箱。

因此,在数控机床通电前要对冷却系统和排屑装置进行认真的检查。

1) 对冷却装置上的高压泵电动机、低压泵排屑装置的电动机相序进行检查纠正。

图 7-21　水箱和集屑箱安装图

表 7-9　安装用零件

编号	名　称	数　量	规　格
1	螺钉	16 个	M8×20
2	Φ65mm 转向活动轮	4 个	Φ8mm
3	螺钉	4 个	M6×10
4	板	2 块	
5	螺钉	4 个	M6×10
6	挡板	2 块	
7	水箱	1 个	
8	水泵固定座	1 个	
9	螺钉	4 个	M5×16
10	水泵	1 台	MTA-250
11	螺钉	4 个	M8×16
12	尼卜	1 个	3/4in×3/4in

（续）

编号	名　　称	数　　量	规　　格
13	三通接头	1个	3/4in
14	60°管螺纹	1个	3/4in×Φ13mm
15	螺塞	1个	3/4in
16	PVC棉织管	7m	Φ13mm
17	盖	2个	
18	螺钉	8个	M8×16
19	隔离网	2张	
20	水箱前盖板	2块	
21	水箱中间盖板	2块	
22	管接头	1个	19mm
23	PVC棉织管	1.5m	Φ19mm
24	低液位显示区		

2）检查压力表（同样要进行首次校验）接头、各管接头是否安装好。

3）检查各电磁换向阀插头、各开关位置是否正确。

4）检查过滤器是否安装牢靠。

5）检查排屑装置与切削液箱的连接是否正确。

6）检查排屑装置与机床接触部位的高低调整得是否合适。

7）检查排屑链的松紧是否合适、排屑装置上开关的位置是否正确等。

如果有主轴水冷，还要检查用于主轴水冷的过滤装置上的各部件是否安装得正确、牢靠。加注切削液后，要检查各部分装置的液位是否合适、有无泄漏现象等。以前的数控机床也有用水冷的，有的制冷系统中还加有防冻液。在数控机床通电前，通常要检查防冻液的液位是否合适，电动机、压缩机及排风扇等是否安装牢靠，各开关、插头及接线是否正确。这里要注意，防冻液对人体是有害的，在加注时最好不要用手直接接触。

五、清除铁屑与更换切削液

1）当机床内有太多铁屑积存时，需要清除机床内部铁屑。首先必须关闭数控系统电源，然后打开安全门，用刷子将工作区域内的铁屑清除至储屑盘内，再从机床两侧拉出储屑盘，清除铁屑，最后将储屑盘放回原来位置。如果使用排屑机，则需用吸尘器清除输送带上的铁屑，并将铁屑车上的铁屑倒掉。

2）切削液严重污染后，需要清洗水箱，更换切削液。建议3~6个月做一次清洗切削液箱与更换切削液的工作。

3）清洗切削液箱之前须先拉出储屑盘，并将铁屑清除干净，准备5个约30kg的桶放在机床旁边。

4）将泵出水端的水管与铝管连接处旋松卸下，拆下水管放进桶内，用泵将切削液箱中的切削液抽出，直到抽完为止。

5）将泵入水端的水管与切削液箱连接处拆下，从机床前面拉出切削液箱，由2人抬到有安全支撑的适当高度。

6）拆下切削液箱排放口内的塞子，将残存的切削液排出。

7）拆下切削液箱内位于上方的滤网，清洗切削液箱内部与滤网，将滤网与管塞装回，从机床前方将切削液箱放回原来的位置。

8）按与拆卸时相反的顺序将拆下的水管——连接好后，添加等量的切削液到切削液箱内。

9）从机床两侧将储屑盘放回。

7.4.4 任务评估

项目结束，请各小组针对故障维修过程中出现的各种问题进行讨论，罗列出现的失误，总结在今后的学习和操作过程中如何更好地发挥团队精神、如何提高水平及效率，并填写故障记录表及项目评估表，见附表1和附表2。

阅读课堂

机械维修中的"三严三实"

在机械维修中，"三严三实"是维修工作的重要指导原则，它确保了维修工作的质量和安全。

"三严"指的是严格执行维修规范、严格管理维修过程、严格把控维修质量。维修人员需要遵循既定的维修流程和标准，确保每一步操作都准确无误；同时，要对维修过程进行全面监控，防止出现任何疏漏；最后，要对维修结果进行严格检查，确保维修质量达到要求。

"三实"则是实事求是、注重实效、务求实际。维修人员需要深入实际，了解机械设备的真实情况，根据实际情况制定维修方案；同时，要注重维修的实际效果，确保维修后设备能够正常运行；最后，要追求实际效益，避免浪费资源和时间。

通过践行"三严三实"，机械维修工作能够更加规范、高效、安全地进行，为保障设备的正常运行和延长使用寿命提供有力支持。

项目8

机床检测技术在维修中的应用

每台数控加工中心出厂前都要进行精度检测调试一段时间，由于在运输或移机过程中颠簸，机床设备到位安装调试后需要重新进行精度检测，及时发现误差，并进行机床的精度调整与维护工作。

数控加工中心的精度主要包括几何精度、定位精度和切削精度。根据日常工作中积累的经验，就这些精度的检测项目、检测方法及注意事项进行综合说明。

数控机床的几何精度检测很重要，它和普通机床检测方法基本一致，但是精度要求更高，具体可参照或按以下标准中的要求执行：

1)《机床检验通则　第 1 部分：在无负荷或准静态条件下机床的几何精度》（GB/T 17421.1—2023）。

2)《加工中心检验条件　第 1 部分：卧式和带附加主轴头机床几何精度检验（水平 Z 轴）》（GB/T 18400.1—2010）、《加工中心检验条件　第 2 部分：立式或带直主回转轴的万能主轴头机床几何精度检验（垂直 Z 轴）》（GB/T 18400.2—2010）。

3)《数控车床和车削中心检验条件　第 1 部分：卧式机床几何精度检验》（GB/T 16462.1—2007）、《数控车床和车削中心检验条件　第 2 部分：立式机床几何精度检验》（GB/T 16462.2—2017）、《数控车床和车削中心检验条件　第 3 部分：倒置立式机床几何精度检验》（GB/T 16462.3—2017）。

4)《数控床身铣床检验条件精度检验　第 1 部分：卧式铣床》（GB/T 20958.1—2007）、《数控床身铣床检验条件精度检验　第 2 部分：立式床》（GB/T 20958.2—2007）。

5)《数控升降台铣床检验条件精度检验　第 1 部分：卧式铣床》（GB/T 21948.1—2008）、《数控升降台铣床检验条件精度检验　第 2 部分：立式床》（GB/T 21948.2—2008）。

6)《加工中心检验条件　第 2 部分：立式加工中心几何精度检验》（GB/T 8771.2—1998）。

8.1　任务1　机床静态精度调整

8.1.1　任务引入

一、故障现象

为了扩大生产规模，某企业的机床厂计划新建数控机床厂房，并对部分原有的数控车床进行移机。然而，在移机过程中，其中一台 FANUC 0i-MD 数控铣床出现了故障，导致加工的工件尺寸精度不准确，无法达到合格标准。

二、故障调查

1）参数、PLC 没有被人修改过，各轴都能正常移动，排除了电气故障。

2）在数控机床移机前后，地面的平整程度不同，机床移动后没有进行水平调整。

3）在数控机床移动的过程中，机床本体发生振动，有可能破坏了机床的静态精度，需要进行机床的精度检测。

三、维修前准备

1）技术手册：参数手册、维修手册、操作手册等。

2）测量工具：精密水平尺、精密方箱、千分表或测微表、直角仪、平尺、高精度主轴芯棒及千分表杆磁力表座等。

3）装调工具：螺钉旋具、六角扳手等。

8.1.2 任务分析

一、铣床机床检测范围

立式加工中心按机床立柱结构分类，可分为单立柱加工中心（图 8-1）和双立柱加工中心（图 8-2）。

图 8-1 单立柱加工中心

图 8-2 双立柱加工中心

一般情况，机床的精度检测是以机床移动的最大范围或者主轴的最大回转半径为依据，来设定机床标准精度的。机床尺寸范围见表 8-1。

表 8-1 机床尺寸范围

主参数	范围 1	范围 2	范围 3	范围 4
公称卡盘直径 d	$d \leqslant 500$	$500 < d \leqslant 1000$	$1000 < d \leqslant 5000$	$d > 5000$
工件主轴/工作台直径 D	$D \leqslant 500$	$500 < D \leqslant 1000$	$1000 < D \leqslant 5000$	$D > 5000$

注：1. 主参数的选择由制造商确定。

2. 公称卡盘直径（至 800mm）定义见 BS ISO 3442-1：2005，BS ISO 3442-2：2005 和 BS ISO 3442-3：2007 的规定。

数控加工中心的几何精度指的是其关键机械部件（如床身、溜板、立柱主轴箱等）的几何形状误差及其组装后的几何形状误差，包括工作台面的平面度，各坐标方向上移动的相互之间的垂直度，工作台面 X、Y 坐标方向上移动的平行度，主轴孔的径向圆跳动，主轴轴向的窜动，主轴箱沿坐标轴心线方向移动时的主轴线平行度，主轴在轴坐标方向移动的直线度和主轴回转轴心线对工作台面的垂直度等。

二、机床水平度调整

1）安装数控加工中心时，必须使用两个精确度为 0.02mm/每格的水平仪来调整其水平度。

2）在调整水平度之前，必须先确认水平仪本身是否处于水平状态。为此，可以将水平仪放置在工作台上的定点上，待气泡稳定后记录其位置，然后旋转 180°，气泡停止时与 0 进行比较，公差允许在 1/3 格以内。

将水平仪放置在工作台中央的正确位置。

3）通过调整地脚螺栓，将水平气泡调至中间点。

4）移动 Y 轴，测量前后两点，观察两个水平仪的气泡走向，然后决定如何调整地基螺钉。

5）调整气泡低处的地基螺钉，顺时针方向旋转，直到前后两点的 XZ 平面的水平度在 1/4 格之内，YZ 平面上的水平度在 0.04m/m（约 2 格）以内。

6）调整完毕后，将 Y 轴移至行程中央处，XZ 平面及 YZ 平面上的水平气泡必须在中央位置。

7）分别移动 Y 轴的前、中、后三点，测量其差值上限为 0.04mm/m（约 2 格）。

8）分别移动 X 轴的前、中、后三点，测量其差值上限为 0.04mm/m（约 2 格）。

9）最后，将地脚螺栓上的螺母拧紧固定。

三、线性运动的直线度

X 轴轴线运动的直线度检测见表 8-2。

表 8-2　X 轴轴线运动的直线度检测

序号	简图	检验项目	公差	检验工具	检验方法
1		在 ZX 垂直平内	X≤500mm：0.010mm 500mm<X≤800mm：0.015mm 800mm<X≤1250mm：0.020mm 1250mm<X≤2000mm：0.025mm 局部公差：在任意 300mm 测量长度上为 0.007mm	平尺和指示器，或光学仪器	参照国家标准 GB/T 17421.1—2023 的有关条文：8.2.2.1、8.2.2.2、8.2.2.3 和 8.2.2.4 对所有结构型式的机床，平尺和钢丝或反射器都应置于工作台上。如果主轴能锁紧，则指示器或显微镜或干涉仪可装在主轴上，否则检验工具应装在机床的主轴箱上 测量位置应尽量靠近工作台中央
2		在 XY 水平面内		平尺和指示器，或钢丝和显微镜，或光学仪器	

Y轴轴线运动的直线度检测见表8-3。

表8-3 Y轴轴线运动的直线度检测

序号	简图	检验项目	公差	检验工具	检验方法
1		在ZY垂直平面内	Y≤500mm：0.010mm 500mm＜Y≤800mm：0.015mm 800mm＜Y≤1250mm：0.020mm 1250mm＜Y≤2000mm：0.025mm 局部公差：在任意300mm测量长度上为0.007mm	平尺和指示器，或光学仪器	参照国家标准GB/T 17421.1—2023的有关条文：8.2.2.1、8.2.2.2、8.2.2.3和8.2.2.4 对所有结构型式的机床，平尺和钢丝或反射器都应置于工作台上。如果主轴能锁紧，则指示器或显微镜或干涉仪可装在主轴上，否则检验工具应装在机床的主轴箱上 测量位置应尽量幕近工作台中央
2		在XY水平面内		平尺和指示器，或钢丝和显微镜，或光学仪器	

Z轴轴线运动的直线度检测见表8-4。

表8-4 Z轴轴线运动的直线度检测

序号	简图	检验项目	公差	检验工具	检验方法
1		在平行于X轴轴线的ZX垂直平面内	Z≤500mm：0.010mm 500mm＜Z≤800mm：0.015mm 800mm＜Z≤1250mm：0.020mm 1250mm＜Z≤2000mm：0.025mm 局部公差：在任意300mm测量长度上为0.007mm	精密水平仪或角尺和指示器，或钢丝和显微镜，或光学仪器	参照国家标准GB/T 17421.1—2023的有关条文：8.2.2.1、8.2.2.2、8.2.2.3和8.2.2.4 对所有结构型式的机床，角尺和钢丝或反射器都应置于工作台中央。如果主轴能锁紧，则指示器或显微镜或干涉仪可装在主轴上，否则检验工具应装在机床的主轴箱上
2		在平行于Y轴轴线的YZ垂直平面内			

8.1.3　任务实施

1. X轴轴线运动的直线度检测过程

根据加工中心机床检测国家标准中的 X 轴轴线运动的直线度检测过程如下。

1）准备工具和材料：首先需要准备平尺（一种用于测量直线度的工具）、百分表或千分表（用于测量直线度误差的仪器）、磁力表座、螺钉旋具以及可调等高块（用于辅助调整测量基准）等工具，如图 8-3 所示。

2）用干净的棉布擦拭工作台面、主轴箱体、平尺、可调等高块工作面，使之不得有铁屑、残渣、油污等，如图 8-4 所示。

3）安装和调整工具：将平尺放置在加工中心工作台上，确保其与 X 轴平行并固定；然后根据平尺的高度调整可调等高块的高度，以确保测量时基准的统一。

图 8-3　测量工具

4）调整百分表或千分表：将百分表或千分表安装在加工中心主轴上，调整其位置以便与平尺的测量面接触。确保表头与测量面垂直，并记录初始读数。

5）检验表 8-2 中的第 1 项时，在工作台面上放置两个可调等高块，这两个等高块应该位于距离平尺两端为 2/9 的平尺长度处。调整这两个可调等高块的高度，以确保测量时基准的统一。将平尺放置在可调等高块上，确保平尺与 X 轴轴线平行。可以使用磁力表座等工具来固定平尺，以确保其位置稳定，如图 8-5 所示。

图 8-4　清洁机床

图 8-5　平尺安装与调整

6）把装好百分表或千分表的磁力表座吸盘吸到主轴固定套筒上，将百分表或千分表的测头垂直接触到平尺的检验面，确保测头与平尺表面垂直。适当加压，以防止百分表或千分表在移动过程中滑动。手动移动工作台，同时观察百分表或千分表的读数，记录下平尺两端的读数。根据记录下的读数，调整平尺的位置，使百分表或千分表的读数在平尺的两端相等。可以通过旋转磁力表座吸盘来调整平尺的位置。为了确保测量结果的准确性，可以重复以上步骤几次，以得到一致的读数。如果读数在平尺的两端相等，则说明在 ZX 水平面内 X 轴的直线度符合要求；如果读数不等，则需要进行调整，如图 8-6 所示。

7）在检验表 8-2 中第 2 项时，将两个可调等高块放置在中央 T 形槽中，确保其高度调整适当。将平尺卧靠在两个可调等高块上，确保平尺与 X 轴轴线平行。

8）固定百分表或千分表：将百分表或千分表固定在工作台上，确保其测头能够垂直接触到平尺的检验面。适当加压，以防止百分表或千分表在移动过程中滑动。手动移动工作台，同时观察百分表或千分表的读数，记录下平尺两端的读数。根据记录下的读数，调整平尺的位置，使百分表或千分表的读数在平尺的两端相等，如图 8-7 所示。

图 8-6　ZX 水平面内 X 轴的直线度测量

图 8-7　XY 水平面内 X 轴的直线度测量

9）全行程检验：在手动模式下沿 X 轴线移动工作台，并在全行程上进行检验。记录百分表或千分表读数的最大差值。

10）分析结果：根据记录的最大差值，可以判断在 XY 水平面内 X 轴线运动的直线度是否符合要求。如果最大差值在允许范围内，则说明 X 轴的直线度符合要求；如果最大差值超出了允许范围，则需要进行调整或维修。

11）收尾工作：完成检验后，将所有工具和材料收拾整齐，并清理现场。

2. Y 轴轴线运动的直线度检测过程

根据加工中心机床检测国家标准中的 Y 轴轴线运动的直线度检测过程如下。

1）准备工具和材料：首先需要准备平尺（一种用于测量直线度的工具）、百分表或千分表（用于测量直线度误差的仪器）、磁力表座、螺钉旋具以及可调等高块（用于辅助调整测量基准）等工具，如图 8-3 所示。

2）用干净的棉布擦拭工作台面、主轴箱体、平尺、可调等高块工作面，使之不得有铁屑、残渣、油污等，如图 8-8 所示。

3）安装和调整工具：将平尺放置在加工中心工作台上，确保其与 Y 轴平行并固定；然后根据平尺的高度调整可调等高块的高度，以确保测量时基准的统一。

4）调整百分表或千分表：将百分表或千

图 8-8　清洁机床

分表安装在加工中心主轴上，调整其位置以便与平尺的测量面接触。确保表头与测量面垂直，并记录初始读数。

5）检验表 8-3 中的第 1 项时，在工作台面上放置两个可调等高块，这两个等高块应该位于距离平尺两端为 2/9 的平尺长度处。调整这两个可调等高块的高度，以确保测量时基准的统一。将平尺放置在可调等高块上，确保平尺与 Y 轴轴线平行。可以使用磁力表座等工具来固定平尺，以确保其位置稳定，如图 8-9 所示。

6）把装好百分表或千分表的磁力表座吸到主轴固定套筒上，将百分表或千分表的测头垂直接触到平尺的检验面，确保测头与平尺表面垂直。适当加压，以防止百分表或千分表在移动过程中

图 8-9　平尺安装与调整

滑动。手动移动工作台，同时观察百分表或千分表的读数，记录下平尺两端的读数。根据记录下的读数，调整平尺的位置，使百分表或千分表的读数在平尺的两端相等。可以通过旋转磁力表座吸盘来调整平尺的位置。为了确保测量结果的准确性，可以重复以上步骤几次，以得到一致的读数。如果读数在平尺的两端相等，则说明在 ZY 水平面内 Y 轴的直线度符合要求；如果读数不等，则需要进行调整，如图 8-10 所示。

7）检验表 8-3 中第 2 项时，将平尺平行于 Y 轴线放置在工作台面的中间位置，确保其与 Y 轴轴线平行，且与工作台表面平整接触。

8）将百分表或千分表固定在工作台上，确保其测头能够垂直接触到平尺的检验面。使用螺钉旋具等工具将其固定好，并施加适量的压力，以防止百分表或千分表在移动过程中滑动。手动移动工作台，同时观察百分表或千分表的读数，记录下平尺两端的读数。根据记录下的读数，调整平尺的位置，使百分表或千分表的读数在平尺的两端相等。这一步是为了确保平尺与 Y 轴轴线平行。

9）全行程检验：在手动模式下沿 Y 轴线移动工作台，并在整个行程上进行检验。在移动过程中，应持续观察百分表或千分表的读数，并记录其最大差值。这个最大差值即为在 XY 水平面内 Y 轴线运动的直线度误差，如图 8-11 所示。

图 8-10　ZY 水平面内 Y 轴的直线度测量

图 8-11　XY 水平面内 Y 轴的直线度测量

10）分析结果：根据记录的最大差值，可以判断在 XY 水平面内 Y 轴线运动的直线度是否符合要求。如果最大差值在允许范围内，则说明 Y 轴的直线度符合要求；如果最大差值超出了允许范围，则需要进行调整或维修。

11）收尾工作：完成检验后，将所有工具和材料收拾整齐，并清理现场。不用的量检具应放回规定的位置，不能随意在检验区域摆放。同时，对工作台面进行清洁，为下一项目检验做好准备。

3. Z 轴轴线运动的直线度检测过程

根据加工中心机床检测国家标准中的 Z 轴轴线运动的直线度检测过程如下。

1）在开始检测之前，需要准备必要的工具，包括角尺和百分表。同时，确保工作台面、主轴箱体、平尺、可调等高块工作面等被测部位表面清洁，不得有铁屑、残渣、油污等影响检测结果的因素，如图 8-12、图 8-13 所示。

图 8-12　测量工具

图 8-13　清洁量具表面

2）放置角尺和调整指示器：将角尺放置在工作台或立柱等设备的适当位置，确保其检验面与需要检测的直线度方向平行。同时，调整指示器（如百分表）的测头垂直触及角尺的检验面，以实现准确的测量，如图 8-14、图 8-15 所示。

图 8-14　ZX 水平面内 Z 轴的直线度测量

图 8-15　YZ 水平面内 Z 轴的直线度测量

3）测量直线度：在每个检测截面上，根据需要测量的点数，依次测量各点的直线度误差。通常来说，每隔一定的距离就选择一个测量截面，并记录下每个截面上各点的测量值。

4）计算直线度误差：对于每个测量截面，可以通过比较实际测量值与理论直线之间的偏差来计算直线度误差。具体来说，可以将这些偏差值通过数学运算（如求平均值、极差等）进行处理，以得出该截面的直线度误差。

5）合成误差：由于每个测量截面的直线度误差可能不同，需要对 X 和 Y 方向的误差进行合成。具体合成方法可以根据实际需要选择，如取平均值、最大值或最小值等。

6）收尾工作：完成检测后，需要整理并清洁现场。将不使用的量检具放回规定的位置，避免对其他检测造成干扰或损坏。同时，对检测结果进行记录和分析，以便对 Z 轴轴线运动的直线度进行准确的评估和调整。

8.1.4　任务评估

项目结束，请各小组针对故障维修过程中的出现的各种问题进行讨论，罗列出现的失误，总结今后的学习和操作过程中如何更好发挥团队精神、如何提高水平及效率，并填写故障记录表及项目评估表，见附表 1 和附表 2。

8.2　任务 2　机床螺距误差补偿

8.2.1　任务引入

一、故障现象

一台 FANUC 0i-MD 数控铣床的定位精度和反向间隙过大，这可能会导致加工的工件尺寸精度不准确，进而影响产品的质量。

二、故障调查

1）观察工作台运动是否正常。

2）查看数控系统中参数设置是否正确。

3）观察机床在运动过程中连接件是否出现松动。

4）确认轴承、导轨、丝杠等部件的磨损是否过大。

三、维修前准备

1）技术手册：参数手册、维修手册、操作手册等。

2）测量工具：激光干涉仪、反射镜和分光镜、安装夹具和支架、校准设备。

3）装调工具：磁力表座、螺钉旋具、六角扳手等。

8.2.2　任务分析

一、激光干涉仪的认知

1. 干涉测量法的原理

激光输出可被视为正弦光波，如图 8-16 所示。

从激光头射出的光波有三个关键特性：①波长精确已知，能够实现精确测量；②波长很短，能够实现精密测量或高分辨力测量；③所有光波均为同相，能够实现干涉条纹。

LASER 是 Light Amplification by Stimulated Emission of Radiation 的缩写，意为通过受激发射线的放射达到光的放

图 8-16　正弦光波

大，即激光。大多数现代位移干涉仪都使用氦氖（HeNe）激光管。这些激光管具有 633nm 的波长输出。氦氖激光管的构成如图 8-17 所示。

图 8-17　氦氖激光管的构成

当高压连接在阳极和阴极之间时，混合气体被激发，形成激光光束。当激光光束在两个反射镜之间来回共振时，激光光强被放大，一些光透射出阳极反射镜，成为输出激光光束。激光输出可被视为正弦光波。氦氖激光管的工作原理如图 8-18 所示。

图 8-18　氦氖激光管的工作原理

激光光束包含两种正交模式。这两种模式具有相近的频率（它们相差 2ppm），但处于垂直极化状态。

2. 激光干涉原理

使用光学干涉原理作为测量工具可以回溯至 19 世纪 80 年代，当时 Albert Michelson 研制出了一种干涉仪，即 Michelson 干涉仪。Michelson 干涉仪包括一个单一波长（单色）的光源，一个半面镀银镜，以及两个反射镜，如图 8-19 所示。

光源在半面镀银镜表面分开，一半的光呈 90°反射至一个固定距离反射镜，剩余的一半则透过半面镀银镜至一个可移动的反射镜。两个反射镜互相垂直，以使从反射镜反射的还原光束互相平行，并一同向观察者反射过去。若每一个反射镜与半面镀银镜的距离完全相同，则光束会同步到达观察者处，并发生相长性干涉，使光更为明亮。若可移反射镜放得再远一点，使其位置偏移大约 1/4

图 8-19　Michelson 干涉仪的构成

个波长，则光束会以 180°的相位差向观察者异步射回，并发生相消性干涉，而产生较暗淡的光。因此，观察者可以通过计算反射镜移动时的闪光次数来测量可移透镜所移动的距离。

当两个波长相同的光束波形同步射出时，它们的波峰位置一般会重合，如图 8-20 所示，故称为相长性干涉。在相长性干涉的情况下，输出波的振幅等于两个输入波的振幅之和。

图 8-20　相长性干涉

当两个相干光束波形以 180°的相位差异步射出时，一个输入光束的波峰位置一般与另一个输入光束的波谷位置重合，如图 8-21 所示，故称为相消性干涉。在相消性干涉的情况下，两个输入波会互相抵消而产生暗淡的光。

图 8-21　相消性干涉

二、机床螺距误差

1. 螺距误差产生原因

数控机床大都采用滚珠丝杠作为机械传动部件，电动机带动滚珠丝杠，将电动机的旋转运动转换为直线运动。如果滚珠丝杠没有螺距误差，则滚珠丝杠转过的角度与对应的直线位移存在线性关系。但实际上，制造误差和装配误差始终存在，难以达到理想的螺距精度。螺距误差的存在使直线位移也存在一定的误差，降低了机床的加工精度。

利用数控系统提供的螺距误差补偿功能，可以对螺距误差进行补偿和修正，达到提高加工精度的目的。另外，数控机床经长时间使用后，由于磨损等原因造成精度下降，通过对机床进行周期检定和误差补偿，可在保持精度的前提下延长机床的使用寿命。

数控机床的螺距误差产生原因：滚珠丝杠副处在进给系统传动链的末级，丝杠和螺母存在各种误差，如螺距累积误差、螺纹滚道型面误差、直径尺寸误差等，其中最主要的是丝杠的螺距累积误差造成的机床目标值偏差；滚珠丝杠的装配过程中，采用双支承结构，使丝杠轴向拉长，造成丝杠螺距误差增加，产生机床目标值偏差；机床装配过程中，丝杠轴线与机床导轨平行度的误差引起的机床目标值偏差。

螺距误差补偿是通过调整数控系统的参数增减指令值的脉冲数，实现机床实际移动距离与指令值相接近，以提高机床的定位精度。螺距误差补偿只对机床补偿段起作用，在数控系统允许的范围内补偿将起到补偿作用。

2. 螺距误差补偿的方法描述

对螺距误差进行补偿时，在机床的运行轨道上取若干点，通过激光干涉仪测得机床的实际定位位置，并与预期设定的位置进行比较，得出偏移距离，并将其写入补偿文件中。选取的点越多，补偿精度越高。机床在下次运行时，将会把补偿文件的数据也计算在内，从而达到精度要求。

数控系统中设置螺距误差补偿需要 NCK（Numeric Control Kernel）的支持，目前可针对某个点把它的补偿值写入 NCK 补偿文件。机械零件程序运行时自动地读取相应补偿文件中各点的补偿数据，并进行相应的调整，随之产生对应的机械位置变化。

3. 螺距误差补偿方法

（1）硬件方法 在开环数控机床中，经常采用硬件方法对丝杠螺距误差进行补偿，即采用机械方法测出数控机床某一轴滚珠丝杠在全行程上的误差分布曲线，在丝杠的螺距累积误差值达到一个脉冲当量处的位置点安装一个挡块，当机床工作台移动时，安装在机床上的微动开关每与挡块接触一次就发出一个误差补偿信号，控制电路便指示步进电动机多走或少走一步。

这种断续的脉冲补偿方法给数控机床的工作台增加了一些机械构件（如补偿杆、挡块等）和电路（如将微动开关发出的补偿信号传送给数控装置的电路）。另外，这种补偿方法比较适用于采用脉冲增量插补方法、步进电动机驱动的开环数控机床，而对于采用数据采样插补方法、直流或交流伺服电动机驱动的半闭环数控机床，则不适宜。因此，目前大多数数控机床在补偿滚珠丝杠的螺距误差时均采用软件方法。

（2）软件方法 采用定点的脉冲补偿方法可修正螺距误差，提高定位精度。其原理是在各坐标轴上设定一些坐标点，当机床经过这些点时，数控系统根据事先测定的补偿值进行补偿。补偿所需参数如各补偿轴起点、终点机床坐标（以机床零点为基准），补偿间隔或等分段数，每段补偿间隔对应补偿值。将测出的误差值输入到螺距补偿误差表中。当工作台移动时，系统根据当前位置和指令位置在螺距补偿误差表中计算出实际的补偿值，对指令位置进行补偿，产生实际输出值控制伺服电动机，如图8-22所示。数控系统以机床零点为基准，在不同的指令位置，按补偿表中的误差值进行补偿。数控系统在每段数据插补过程中均进行误差补偿，以获得最高精度。

图 8-22 软件方法补偿螺距误差

实现步骤如下：

1）在数控机床上正确安装高精度位移测量装置。在整个行程上，每隔一定距离取一个位置点作为补偿点。

2）记录运动到补偿点的实际精确位置。将各点处的误差标出，形成在不同的指令位置处的误差表。

3）多次测量，取平均值。

根据"补偿值=数控命令值-实际位置值"的公式计算各点的螺距误差，并将各点处的误差标出，形成在不同指令位置处的误差表，并将该表输入数控系统，系统按此表进行补偿。

（3）单向螺距误差补偿（EEC）　EEC 的原理是从起点到终点方向补偿，在起点与终点之间等分若干点，如图 8-23 所示，刀具在丝杠上的运动轨迹是从起点运动，依次经过各个等分点，到达终点。EEC 补偿只对从起点到终点方向生效。

当运动到某一个等分点时，根据刀具实际移动的距离与预期的距离的偏差，计算出该点的补偿值。例如，以图 8-23 中 1 这个

图 8-23　单向补偿点数

点为例，预期希望刀具从 0 点能够运动到 1 点，其间移动距离为 10mm。但是由于丝杠的误差，实际运动的距离是 9mm，偏差为 10mm−9mm＝1mm，那么 1 这个点的补偿值就是 1mm；如果实际移动距离为 11mm，偏差为 10mm−11mm＝−1mm，那么 1 这个点的补偿值就是 −1mm。其他各点的螺距误差补偿同理实现。

（4）双向螺距误差补偿（CEC）　CEC 支持两个方向补偿，即从起点到终点方向和从终点返回到起点方向补偿，如图 8-24 所示。规定从起点到终点方向为正方向，从终点到起点方向为负方向。刀具在丝杠上的运动轨迹是从起点运动，依次经过各个等分点，到达终点；然后再从终点按原路返回到起点，逆向依次经过各个等分点，直至起点。CEC 补偿在两个方向上生效，分别计算每个方向上当运动到某一个等分点时，根据运动实际移动的

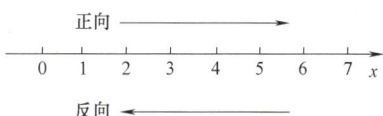

图 8-24　双向补偿点数

距离与预期的距离的偏差，计算出该点的补偿值。注意正向与负向的方向性。同一个点在两个方向上补偿不同。以图 8-24 中 5 点为例，当刀具从起点向终点（即正方向）运动时，途中经过 5 点时，假如从 0 点向 5 点实际移动了 49mm，与预期移动距离 50mm 的偏差是 50mm−49mm＝1mm，那么 5 点在正方向上的补偿是 1mm；当刀具从终点向起点（即反方向）运动，途中经过 5 点时，假如从 10 点向 5 点实际移动了 49mm，与预期移动距离 50mm 的偏差是 50mm−49mm＝1mm，但是由于从终点到起点是反方向，所以 5 点在反方向上的补偿是 −1mm；假如实际移动距离为 51mm，与预期移动距离 50mm 的偏差是 50mm−51mm＝−1mm，但是由于从终点到起点是反方向，所以 5 点在反方向上的补偿是 1mm。其他各点正方向和反方向上的补偿依此类推。

螺距误差补偿是按轴进行的。针对每一个轴可以设置每个轴的螺距误差补偿。主轴不设置。

8.2.3　任务实施

以 FANUC 0i-MD 数控铣床 Y 轴螺距误差补偿为例，具体实施步骤如下。

1. 准备阶段

准备阶段是进行雷尼绍激光干涉仪逻辑误差补偿的第一步，这一阶段的主要目标是确保设备处于良好的工作状态，并为其后续的误差补偿操作做好充分准备。

1）检查设备完整性，要确保激光干涉仪的所有部件都完好无损，没有明显的物理损伤。这包括激光头、干涉镜、反射镜、探测器等关键部件。任何部件的损坏都可能影响最终的测量结果。雷尼绍激光干涉仪如图 8-25 所示。

2）对激光干涉仪的各个光学元件进行清洁，确保没有尘埃或污垢影响光束的传播。同时，对镜面进行微调，确保它们处于正确的位置和角度。根据设备的要求，正确连接电源线和信号线。确保电源稳定，没有过载或电压波动。信号线应连接牢固，避免信号丢失或

干扰。

3）打开配套的软件，检查是否要更新。如果要更新，请按照指示进行更新。然后，根据测量需求，配置软件参数，如测量范围、采样率等。

4）准备好所有必要的文档，如操作手册、用户指南、校准证书等。此外，建议在开始之前备份设备设置和原始数据，以防后续需要参考或恢复。

图 8-25　雷尼绍激光干涉仪

5）确保工作环境的温度、湿度和气压等参数在设备允许的范围内。这些环境因素可能会影响设备的性能和测量结果。

6）在正式开始误差补偿之前，进行一些初步的测试和检查来验证设备的状态。这可以包括简单的位移测量、光束质量检查等。

通过这一系列的准备工作，可以确保激光干涉仪处于最佳状态，为后续的逻辑误差补偿提供一个稳定和可靠的基础。

另外，要确保所有安全防护措施到位。这包括但不限于戴上适当的眼睛保护装置（如护目镜）、避免直接接触激光光束、遵守所有警告标签和安全指南。

2. 设置参考点

在设置参考点时，主要考虑因素有基准点、最负端和最正端、补偿倍率、补偿间隔。

1）基准点即参考点，通常选择一个稳定的、不易变动的点作为基准点，因此一般将机床的机械原点作为螺距误差补偿的基准点。

2）最负端和最正端，这两个点分别代表补偿数据编号中最靠近负端和正端的点，根据需要补偿的数据范围，设定最负端和最正端的数据编号，将补偿范围设定为 $-25 \sim -225$ mm。

3）补偿倍率，这是写入机床系统补偿量的生效倍率，需要根据实际情况进行设定，通常默认值为 1。

4）补偿间隔，这是在机床补偿校准时的补偿间距。补偿间隔决定了补偿的精度和覆盖范围，它定义了补偿点之间的间距。较小的补偿间隔可以提高补偿精度，但会增加计算量和补偿点的数量；较大的补偿间隔则可以减少计算量和补偿点的数量，但可能会降低补偿的精度和实时性。因此，需要根据具体的加工需求和机床性能来选择合适的补偿间隔，可以将间隔值设为 10mm。

3. 硬件安装

将激光干涉仪三脚架固定平稳后，把激光头安装在三脚架上，然后安装和固定补偿器 XC（包括环境空气温度传感器和工作台表面温度传感器），将激光头和补偿器通过数据线与计算机的连接，连接完成后需要对激光头进行预热，预热时间为 5～6min，当指示灯变为红色时表示预热完成。在目标录界面中，单击"开始"→"Renishaw LaserXL"→"线性测长"，从而打开雷尼绍测量软件，开始进行测量。

4. 激光光路调整

掌握干涉镜和反射镜的安装方法（根据测量轴的不同，安装方法有所不同，注意观察箭头所指方向，激光从箭头尾部射入），首先将数控铣床各轴进行回零操作，保证机床的参考点正常。通过微调，调整干涉镜和反射镜的位置，使两者靠近，目测能够尽量上下左右对齐，移动三脚架使激光头的光源穿过干涉镜，此时能够看到 2 个光点。再次微调，调整机床侧使 2 个光点重合。转动激光头，观察激光头上方的 LED 灯点亮情况（5 个 LED 灯全亮最好），移动测量轴至最远距离，中途始终观察 LED 灯，保证起点到终点处均保持 5 个 LED 灯全亮，若不能满足全亮，则继续调整至全亮，如图 8-26 所示。

5. 检测过程

打开雷尼绍软件，选择线性测量功能，如图 8-27 所示。

图 8-26　光路调整

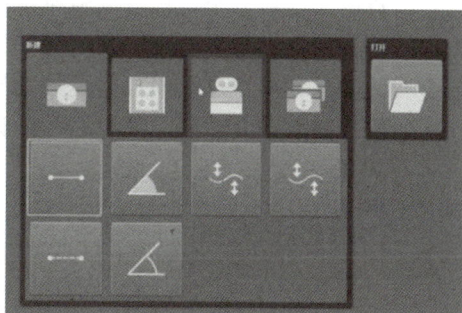

图 8-27　线性测量功能

测量的几何轴和轴均选择 Y 轴，设置好程序名和进给倍率后生成加工程序，传入 FANUC 0i-MD 数控铣床系统，执行程序。

6. 数据分析

如图 8-28 所示，将测量出的数据进行分析，软件自动绘制出误差补偿图表，生成误差补偿值。

图 8-28　误差补偿值

7. 机床参数修改

首先将模式修改为 MDI 模式，参数写入改为 1；在系统参数中找到以下参数进行修改：

1）参数 3620 为参考点的位置，将此设为 0。

2）参数 3621 为最小补偿点的位置，将此设为 -255mm。

3）参数 3622 为最大补偿点的位置，将此设为 -25mm。

4）参数 3623 为补偿误差值得放大比例，将此设为 1。

5）参数 3624 为补偿点与补偿点之间的间距，将此设为 10mm。

然后在补偿数据中将测量出的补偿值依次输入到 205～225 中，回零数据生效完成螺距误差补偿，如图 8-29 所示。

8. 验证生效

输入补偿值之后，再次测量，观察测量曲线变化情况，与未补偿前的测量数据进行对比并分析，观察补偿后的机床精度是否有所改善。

8.2.4 任务评估

项目结束，请各小组针对故障维修过程中的出现的各种问题进行讨论，罗列出现的失误，总结今后的学习和操作过程中如何更好发挥团队精神、如何提高水平及效率。并填写故障记录表及项目评估表，见附表 1 和附表 2。

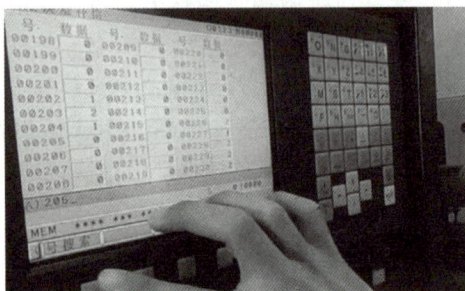

图 8-29 输入数据

阅读课堂

机修保障车间检修四大制度

机修保障车间检修四大制度是车间高效运行的重要保障。一是定期检修制度，规定设备检修周期，确保设备始终处于良好状态，有效预防突发故障，保障生产连续稳定。二是检修质量验收制度，通过严格把控检修质量，确保设备性能恢复到最佳状态，满足生产需求。三是检修安全管理制度，通过规范操作行为，加强安全防范措施，保障检修过程安全无虞。四是检修记录与档案管理制度，通过详细记录检修过程，建立完整的设备档案，为设备维护和管理提供有力支持。这四大制度相互衔接，相互支撑，共同构成了机修保障车间检修工作的完整体系，确保了车间检修工作有序、高效、安全进行。

附录

附表 1 数控机床故障维修记录表

数控机床的型号	
出现故障的日期	
故障现象	
报警/报警号	
可能的故障原因	
故障处理方法	
机床恢复情况	
总结	

附表 2 数控机床故障维修评估表

评分项目	分值	评分标准	自评	互评	教师评分
工具准备情况	5	常用工量具、存储卡、传输线缆等			
资料准备情况	5	1. 机床手册 2. 电气原理图 3. PMC 梯形图 4. 课前自备资料			
排故前检查情况	10	1. 故障现象描述正确 2. 故障现象观察全面 3. 未扩大故障 4. 工具使用正确			
排故方案设计	10	1. 相关知识准备充分 2. 故障原因分析正确 3. 工具选择正确 4. 未扩大故障			
排故过程	30	1. 排故工具选择正确 2. 排故方法选择正确 3. 故障原因查找正确 4. 未扩大故障 5. 团队协作密切			
机床恢复情况	20	1. 机床恢复程度 2. 机床记录表填写			
安全文明生产	10	违反安全文明生产操作规程视情况扣分			
额定工时 120min	10	每超过 5min 扣 5 分,最多扣 10 分			
开始时间		结束时间	实际用时		成绩

附表 3　工量具清单

名　称	数量	名　称	数量
十字螺钉旋具 6mm	1 把	剥线钳	1 个
十字螺钉旋具 3mm	1 把	万用表	1 块
一字螺钉旋具（6mm）	1 把	水平仪	1 个
一字螺钉旋具（3mm）	1 把	千分表	1 个
内六角扳手	1 套	百分表	1 个
尖嘴钳	1 个	示波器	1 台
偏口钳	1 个	相序仪	1 台
压线钳	1 个		

参 考 文 献

[1] 邓三鹏. 数控机床故障诊断与维修 [M]. 2版. 北京：机械工业出版社，2019.

[2] 刘蔡保. 数控机床故障诊断与维修实例宝典 [M]. 北京：化学工业出版社，2021.

[3] 董晓岚. 数控机床故障诊断与维修（FANUC）[M]. 北京：机械工业出版社，2021.

[4] 刘宏利，李红，刘光定，等. 数控机床故障诊断与维修 [M]. 3版. 重庆：重庆大学出版社，2021.

[5] 郭士义. 数控机床故障诊断与维修 [M]. 2版. 北京：机械工业出版社，2020.

[6] 邓三鹏. 现代数控机床故障诊断与维修 [M]. 北京：国防工业出版社，2012.

[7] 韩鸿鸾，董先. 数控机床机械系统装调与维修一体化教程 [M]. 北京：机械工业出版社，2014.

[8] 杨雪翠. FANUC数控系统调试与维护 [M]. 北京：国防工业出版社，2010.

[9] 蒋丽. 数控原理与系统 [M]. 北京：国防工业出版社，2011.

[10] 刘海. FANUC 0i-MD系统串行主轴故障诊断与处理 [J]. 科技风，2013（21）：108-109.

[11] 廉良冲. FANUC 0i-MD系统的数控机床开机无法回零的故障诊断与修复 [J]. 制造技术与机床，2011（11）：103-104.

[12] 王银洲. 加工中心主轴故障分析与维修 [J]. 金属加工冷加工，2015（1）：84-85.

[13] 黄琳莉，陈亭志. 数控机床伺服进给驱动系统的电气故障排查与对策 [J]. 武汉职业技术学院学报，2013（3）：100-103.

[14] 王勇. 数控机床伺服进给系统典型故障分析及维修 [J]. 煤炭技术，2013（8）：62-64.

[15] 王勇. 数控机床伺服进给系统典型故障分析及维修 [J]. 机床与液压，2013（14）：157-159.

[16] 张玉玲. 数控铣床伺服系统故障诊断与预报的研究 [D]. 长春：长春工业大学，2012.

[17] 郑善东. 数控机床装调维修系统的研究与实现 [D]. 广州：华南理工大学，2012.

[18] 魏娜. 浅析数控机床进给伺服系统的常见故障与处理方法 [J]. 科技信息，2012（10）：209.

[19] 任敬卫，张俊. 数控机床进给伺服系统的典型故障及诊断 [J]. 价值工程，2011（25）：36.

[20] 杨笋，史亚贝. 数控机床伺服系统的故障形式及诊断方法 [J]. 新技术新工艺，2011（8）：19-21.

[21] 李冬. 数控机床进给伺服系统的故障及维修 [J]. 机床与液压，2010（8）：107，116-117.

[22] 韩京海，郭燕. 数控机床进给伺服系统常见故障诊断与维修 [J]. 机床与液压，2010（16）：52，93-94.

[23] 陕西省机械工程学会. 陕西省机械工程学会九届二次理事扩大会议论文集 [C]. 西安：陕西省机械工程学会，2010.

[24] 陕西省机械工程学会. 陕西第二届数控机床及自动化技术专家论坛论文集 [C]. 西安：陕西省机械工程学会，2011.

[25] 龚仲华. FANUC-0iD调试与维修 [M]. 北京：机械工业出版社，2013.

[26] 刘加勇. 数控机床故障诊断与维修 [M]. 北京：中国劳动社会保障出版社，2011.

[27] 王贵成. 数控机床故障诊断技术 [M]. 2版. 北京：化学工业出版社，2010.

[28] 刘永久. 数控机床故障诊断与维修技术（FANUC系统）[M]. 北京：机械工业出版社，2011.